@購物天王橫跨兩岸的
百億銷售傳奇

15分鐘說出

人人都能當網紅的煉金術

10億營收

目錄

序曲・敬那些值得紀念的時光……

年少時的我，渾身充滿陽光，對任何事情總是抱著「初生之犢不畏虎」的幹勁……，這樣的特質，成為我日後即使面對再大的困難，也毫無懼色的正能量，感謝那些在人生路上磨練過我的人、事、物，因為有你們，我的人生更加值得紀念！

第二部・奇蹟，就從這裡開始！

歷經退學、負債、創業……，種種難關我都一一挺過來了。回想自己過去走過的軌跡，我必須說：「我永遠不後悔」，畢竟若無當時的困苦艱難，又怎會有如今翱翔天際、意氣風發的嚴健誠！

第三部・讓奇蹟不斷延續！

在中國大陸辛苦經營了這些年，開始有一點點的成果與回饋，只是面對競爭激烈且規模龐大的海外市場，如何佈局，如何比別人想得更遠、更透徹，將是我未來的全新課題！

後記‧奇蹟，其來有自！

每個難關都是一次又一次的人生轉折，內心掙扎又有誰看到？或許，在大家眼中的嚴健誠是個擅於運籌帷幄、談笑用兵的良將，然而在親友與同事眼中……，他又是怎麼樣的一個人呢？

作者序 *1*

人人都可當網紅，人人都可以發財

早在大學時期，我就已對於用創意賺錢這件事感到一頭熱，甚至抱著寧可學業被「當」也在所不惜的態度，一心就是要練就一身的創業好功夫。於是，我開始拜讀刊載於報章雜誌上的財經企業界名人專訪，或是購買企業家自傳書籍來練功，看著那些企業家們充滿驚濤駭浪的職場經歷，心裡總覺得這太不可思議了，心想：「這些在商界頭角崢嶸的名人們，怎麼可能在碰到挫折時依舊心如止水，波瀾不驚？更神奇的是還能安全下莊，繼續在舞台上發光發熱？」

雖然一肚子的問號，但是當我大學畢業、正式踏入社會開始工作後，這才發現，這些故事確實會發生，出現在這本自傳中的「不太真實」，但卻真的是用血淚交織完成的故事，真的是發生在我人生上半場的「驚濤駭浪」。

經歷過償債、借貸、跑三點半、被人詐騙等悲慘逆境，我才發覺，看這些似荒謬的事情竟然通通發生在我身上。或許每個人的人生劇本不同，但唯一的共通點是，只要不放棄、不怕路途崎嶇、堅持下去，那就沒有什麼事情過不去，沒有無法攀登的高峰。

出版這本書的目的不是為了彰顯自己現階段擁有的一點點成功，相反的，我希望能將自己這十多年來從繼承長輩債務，還債過程中跌跌撞撞，但是即使碰到挫折，仍然有人在背後伸出溫暖的援手，支持我闖過一關又一關，除了完全清償債務，還能累積出目前每年十餘億元的盈收，徹底從谷底爬起來，那一些值得紀念與感謝的人、事，樁樁件件都用文字真實地記錄下來，向他們真誠致敬！

回想這十幾年來，因緣際會踏進電視購物，目前將觸角向外拓展至兩岸跨境電商、微商平台，乃至於網路直播銷售商品的網紅等，驀然回首這一路走來，在亮麗成績的背後，其實隱藏不為人知的辛酸、挫敗曲折甚至是成功浪花。這樣的心境轉折激勵了我埋藏在心中的那股「文章千古事，得失寸心知」的情懷，雖然甘苦得失只有自己能體會，但透過文字記載卻可將經驗傳承下去，希望日後有心投身電視購物領域的人才，能夠少走一些冤枉路、少白花一些錢，就有機會更接近成功，並且向前邁進。

尤其，看到現今許多大學畢業生，即使在校園內書讀得不錯，但是畢業後卻只能乾領二十二K的薪水，看著這些年輕世代們徬徨不知所措、一籌莫展的模樣，我實在感到十分惋惜。我想，若你對銷售商品有興趣，或許在看完我這一本書之後能激發你的創意靈感，將工作中的困境轉化為順境，把絆腳石鍛鍊成墊腳石，豈不甚好！尤其在銷售商品這個已然走入自媒體時代的產業，我相信只要有興趣投入，人人都可當網紅，人人都可以發財！

最後，我更要感謝廣大支持「嚴選」的購物忠誠粉絲，因為有你們天天的守候，無論是電視機、電腦或是手機前，期待嚴總為大家帶來能夠提升生活品質，讓每一天都充滿幸福快樂的優質新商品，才有今日的嚴健誠！

嚴健誠

作者序 *2*

每一個故事都值得您品味、珍藏

在我的媒體生涯三十年當中，人物專訪是我最喜歡的題材，因為在訪問過程中，我彷彿像在扮演小叮噹，走進時光機器，陪著受訪者回首過往的歡笑悲傷歲月、走過天堂地獄的故事，以及經歷過成功失敗的職涯，在採訪的過程中，能夠真實感受到人的生命力，人生道路，雖然鋪滿鮮花，卻也佈滿荊棘；但是，一個人的成功必須具備非常的決心與毅力，才能步上成功的階梯。

同樣的，當我幸運地能夠協助嚴總撰寫這本書的那一刻起，我除了份外珍惜這難得的機會，也不斷地提醒自己，要忠實反映屬於嚴總的人生，而不是扮演化妝師；其實，當我真正著手進行採訪時，我知道自己大概多慮了……

嚴總其實就是一位樸實不華，完全不矯飾的

人，當他在述說的每一個遭遇困難挫敗的故事時，都能讓人身歷其境，包括說話的口吻、手勢動作以及臉部表情，每一樣都極富說服力，更是直指人心，這也是我經手過不知凡幾企業財經名人的專訪報導中，特別感到開心痛快並且充實的一次！

其實這本書，寫的不是什麼企業家的豐功偉業，內容就是描述一位背負龐大債務卻勇於負責的年輕人，如何從人生低谷中奮起，翻轉逆境，不但在購物市場中闖出一片天，甚至在包括電視購物、跨境電商、微商，以至在網路直播網紅界，每一樣都可說是箇中翹楚；此外，更有感於希望帶領更多有志投入購物行業的年輕人，助他們一臂之力，徹底甩掉低薪、低成就的生活，開創成功人生。

我在這本書中所描述的，每一個故事都值得您細細品味珍藏！

黃晨澐

推薦序 *1*

成功的人出傳記，失敗的人做筆記

購物天王嚴總，

除了俊秀飄逸的賣相之外，

他的個性沉穩、溫柔婉約，充滿慧頡的誠懇交流……更讓人直接想拿起電話～下單！

「嚴巴」堪稱購物界的李慕白，

亦是台灣電視購物行業的領軍人物……數十年如一日，成功的讓銷售奇蹟，立足台灣、放眼神州！

俗語說得好：「成功的人出傳記，失敗的人做筆記！」嚴總這一本大作，肯定是大家引領期盼，業界聖經！

迫不及待想要開卷有益！

吳宗憲 狂推

綜藝天王、金鐘獎節目主持人——

推薦序2

從一而終鑽研不小心把公司搞大了

第一次見到鹽巴，就覺得這個傢伙要不是個奇葩，要不就是個阿達……

那時的鹽巴扛著腳底按摩機「休足日」來找我，他說自己辭掉了原本的高薪工作，自願回家接下媽媽的公司與六千萬的負債。當時正值九七金融風暴，外面的公司倒一堆，竟然有人願意幫媽媽扛債，此等情操實在讓我肅然起敬。

介紹鹽巴給我認識的好友大雄，希望我能幫這個正直的傻小子一把。我問他：「為何不讓公司倒閉，媽媽躲一陣子就沒事了？」我當時心想，這應該大多數人會幹的正常事，端看台灣這麼多掏空企業的大老闆便知，即使背負數十億的債務，卻仍舊躲至海外逍遙，大家不都照樣快樂過活？

「我只是不想一輩子虧欠人，背負罵名……」鹽巴的想法簡單到令我驚訝，畢竟六千萬不是小數字，遑論欠債的是媽媽而不是他，而且家裡還有姊姊、弟弟，他卻一句話也沒說，義無反顧地扛下來，帶著公司剩下的二名員工，開始進行六千萬還債大作戰。

我老爸也是個生意人，打拚了一輩子卻沒賺到什麼財富，倒是讓我得了債務恐懼症。作生意難免要跑三點半、調頭寸，而這時，親朋好友正是最好的紓困對象，只是次數一多，大家見到你難免面露難色，加上老爸不好意思出面，故而從國中開始，便經常要我這個兒子去擔任代打的角色。

「去跟姑姑借個××萬」老爸隨口一句話，對我卻好似千斤重擔；就算姑姑再疼我這個長孫，看到我又來為父親周轉現金，臉上還是難免會露出無奈之色，嘆口氣要姑丈去領錢。只是那微微的一聲嘆息，卻成了我心頭揮之不去的夢魘；因此長大後，我最怕的就是跟別人借錢，也不喜歡別人來向我借錢，注定一輩子只能當個領死薪水的上班族。

後來，聽到鹽巴自願跳出來為母親扛下六千萬債務，我當場愣住，不知是該誇他還是譏笑他；琢磨半天之後，還是決定幫幫這個憨直的少年仔。

只是六千萬可非小數目，生意有起有落，碰上不能如期還款，他總能誠實告之，坦然面對債主，然後取得對方諒解。單是這點，就讓我自嘆不如。生意低潮時，鹽巴會找我聊天、動腦子想對策；我雖主跑財經新聞多年，卻不是做生意的行家，即使想破頭也只能給他一個建議——「從一而終」，藉此或許還能找到一些賺錢的門道。

而我指的「從一而終」是專心鑽研一門生意，待摸透其中每個環節，加上老天爺幫忙，或許可以有一番作為。當時，鹽巴賣的產品是腳底按摩機，我覺得他若功夫下得夠深，或許有朝一日可以成為台灣、中國兩岸，甚至全世界知名的按摩椅大王。

也不知是否我的忠告他真的聽進去了，鹽巴在幾經摸索之後，還真的找了一個行業並且一頭鑽了進去；只是他後來並未成為按摩椅天王，反而是投入當時正在起步的電視購物。記得剛開始的時候，他接下的時段是每天早上六點檔，業績慘淡時只能賣出一組精油，但他卻堅持咬牙撐下去，也逐漸摸出一點門道，終於成功打造了屬於自己的電視購物王國。

十二年後，鹽巴如今已成為人人羨慕的嚴總，「嚴總嚴選」成了電視購物的熱銷保證，短短三十分鐘，可以賣掉上千支手機、上萬件內衣、數千組美白保養品，創造數百萬的業績。「我不小心便把公司搞大了……」鹽巴總是這樣開心地跟我說。如今，除了台灣以外，他更將事業觸角擴及至中國大陸，成為了名副其實的空中飛人，如今的他，頻頻出現在中國大陸各省級的購物頻道中，算是大中華區的購物天王。

本書集結了嚴總自修多年的電視購物絕學，當中有著他得以縱橫兩岸三地，業績長紅的精髓所在，相信看完之後，每位讀者也都能跟他一樣，即使只有短短十五分鐘，也能成功打造具備十億業績含量的驚世口才，一生受益無窮。

《周刊王》社長——李世偉

推薦序 3

一路走來的事業軌跡，成功得來不易

和健誠合作實在是很愉快的一件事。

健誠是電視購物界的老手及天王，經由他販售的商品很少不大賣的。我和健誠合作過非常多的商品，從靖天耶加雪夫咖啡到愛之味的紅神孅都創造了傲人的成績，但最可貴的還是他的待人接物。

我和健誠是老友，相識多年，無論他現在多成功，待人處事一直猶如初識時的熱情誠懇，給予人充分的信任感，總是讓人放心的把商品交到他的手上。

這次健誠出書，很榮幸受邀為他寫序推薦。本書記錄了健誠多年一路走來的軌跡及成功心法，相信對各位讀者肯定獲益良多。

再次祝福我親愛的兄弟，出版成功、大展鴻圖。

靖天電視台董事長——陸醒華

推薦序 *4*

值得年輕人拜讀的職場勝經

嚴總是我認識的經理人當中最有執行力的人！

闖蕩社會所需十八般武藝，除了「實力」「毅力」，更加必備「業務力」，成交商品，也行銷自己！在這幾個選項當中，嚴總都做到百分之百的成績！在這本書當中，購物王者親自傳授獨門招式，剖析盲點，灌注內力，化經驗為珠璣。

打通開創業務的任督二脈，絕對是年輕人及身在職場裡的你，都該拜讀的武林秘笈！

伊林娛樂股份有限公司董事總經理——

推薦序 5

業界一絕的「誠懇行銷」，值得學習

鏡頭前的嚴總，總是用他憨厚中帶著堅定的笑容，向大家分享他上天下地的好物，在兩岸購物市場，屢建奇功攻城掠地。

這本書呈現的，不僅僅是他奮鬥歷程的主觀角度，更像一本實用教戰手冊，忠實曝光嚴總在這個產業的生存之道，用成敗交織累積出的經驗法則，更讓人感同身受，業務手法千百種，但嚴總的「誠懇行銷」，絕對是業界一絕！

三立電視股份有限公司新聞部資深副總經理——蘇宜楨

推薦序 *6*

奮鬥中的嚴總

作為具備「媒體+貨架」雙重屬性的電視購物，一直是提供創新產品與服務的孵化平臺。電視購物不僅為顧客帶來改善生活品質、升級生活方式的優質產品，同時也為許多優秀的創新企業提供了成長的土壤。嚴健誠先生和他率領的六員環公司，正是在電視購物這片充滿活力的土壤中茁壯發展起來的。

篳路藍縷，以啟山林。嚴健誠先生頂住重重壓力，在臺灣地區耕耘奮鬥，又極有遠見把業務拓展到中國大陸，用十幾年的時間將「嚴總」兩個字書寫成海峽兩岸電視購物行業的金字招牌。也許，旁人眼中的他總是光鮮亮麗的那一面，而熟悉他的人都知道，他也曾遭遇過嚴重挫敗，走到過穀底深淵。但他總能挺住，直到觸底反彈。

寶劍鋒從磨礪出，梅花香自苦寒來。嚴總用他跌宕起伏的經歷，講述了在那些挫折困境和銷售奇跡的背後，有的是一顆永不言棄、相信夢想終會實現的決心，而這恰恰是一個人能夠走向成功並持續取得成功的核心正能量。

北京環球國廣（GHS）媒體科技有限公司董事長——孔炯

序曲　敬那些值得紀念的時光……

年少時的我，渾身充滿陽光，對任何事情總是抱著「初生之犢不畏虎」的幹勁……，這樣的特質，成為我日後即使面對再大的困難，也毫無懼色的正能量，感謝那些在人生路上磨練過我的人、事、物，因為有你們，我的人生更加值得紀念！

生命就像是一條拋物線，人不會永遠待在谷底，也不會永遠都站在最巔峰，正因為歷程起起伏伏，才能成就一個人的完美淬練，而這樣的道理正好是我的人生寫照！多數的人都是在電視購物節目上看到我、認識我，看到螢光幕前的我口沫橫飛在推荐商品，大概就是認同我的「叫賣」功力，所以業績檔檔都嚇嚇叫，事實上，現在每年的業績也已經突破十億元台幣，在這亮麗成績的背後，其實隱藏著不為人知的卑微辛酸、挫敗曲折、激情浪花，甚至期許突破……。

十七年前，我是一個幫家人背債六千萬的平凡人，經過負債累累，卻因緣際會變成電視購物明星，還在這期間創立了六員環公司，擁有堅強的工作團隊，豈料在大陸卻碰到投資失利意外挫敗，我不但沒有被打倒，還鞭策自己突破逆境，從谷底再爬起來！我誓言：「挫折不可悲，失敗更不可恥，或許這就是要登上生命高峰的拋物線上最後一次低谷！」

現在的我，既是在兩岸電視購物從素人變明星的桿子，也已經在跨境電商打出一片天地，並且在微商平台也佔有一席之地，能將傳統方式與網際網路相結合銷售商品；緊接著我的下一個市場新藍海，即是趁勢發展網路直播，成為一名網路直播商品的資深網紅！來培養更多年輕人進入這個產業！

這個世界因為有了智慧型手機之後，一切變得太快，變到連我自己都覺得不可思議！如果賣商品不懂得因應環境，更不會緊緊抓住Web3.0的新契機，仍然固守傳統銷售管道的老路，而不會因應變遷，就只能被拋除在市場之外。我堅信：現在已經是自媒體時代，人人都可當網紅，人人都可以擁有一個視頻世界賣商品，人人都可發財！

雖然，想做網路直播當網紅聽起來容易，真實世界也有數以千萬計的人前仆後繼，但是，也有的人即使名噪一時，還是抵擋不住現實的殘酷，被消費者嫌棄「過氣」，最後不支倒地……。如果，你也想成功變網紅，我累積十七年商品銷售的經驗，還有各種銷售平台從電視購物、跨境電商、微商，甚至到朝向網路直播成為網紅邁進的心法與歷程，相信可以成為你的浮木，幫助你不會載浮載沈，更能避免陷溺。因為我相信：誰都嚮往「陽光燦爛的日子」，但不是誰都能體現「陽光總在風雨後」的經歷，而我累積的人生經歷，正是幫助你想成為網紅的練功術！

現階段的我，除了持續發展電視購物，還要同步拓展電商與網路直播網紅，而我具備的優勢是：有源源不斷好商品、有企劃力與執行力超強的團隊、我能在短短時間內說出商品的特色、我的消費者老少咸宜、我的體力好，能一人抵三人用、我能抓住網路契機發展，我本身就是商品網紅！

One

十八般武藝，愈早練愈好

年輕人啊，記得在埋頭苦讀之餘，多想想如何將所學知識應用在未來的職場上。

若有時間，不妨自修「打工學分」，以免踏出校園後，捧著一張出色的成績單，卻仍在22K的邊緣打轉……。

＊＊＊

在所有銷售通路中，電視購物絕對是難度最高的領域。我必須在短短一檔節目，十五分鐘的時間裡，將產品的特性介紹得淋漓盡致，勾起觀眾的購買慾，讓他們馬上拿起電話訂購商品。想要培養這樣的功力，除了要在上節目之前便得將產品資料融會貫通以外，銷售面對鏡頭時，如何取得坐在電視機前面的消費者認同，更加重要，因此，我得時時揣摩他們的反應，隨機調整自己的銷售話術。

記得剛入門時，我曾經歷過一檔節目下來只賣出一組商品的窘境，但發展至今，我的公司一年可以創造十億元以上的業績，十五分鐘決勝說話術是我成功創業的秘訣，這套獨門功夫沒人教過我，市面上也找不到類似的教材，真的是我自己在短短幾個月內，憑空摸索出來的秘笈，如今回想起來，能有這樣的成果，則應該是與我在大學時代所練就的十八般武藝有關……。

▼求學時期的經歷，奠定成功的基石

在我求學的年代，有線電視剛剛萌芽，台灣的電視購物還未誕生，學校老師大多照本宣科地授課，要求學生們就是要熟記教科書內容，強調唯有如此才能考試拿高分。上課時若有機會發問就已經很不錯了，遑論要大家上台發表意見、磨練口才。但偏偏我就是個不喜歡按牌理出牌的學生，除了會唸書，更愛參加課外活動，大學時期更是瘋狂地打工賺錢，甚至遭到退學了，卻依然堅持己志，這種背離常規的模式，跟傳統「好學生」的定義實在相差甚遠，也因此，讓我得以磨練出多樣化的才能，日後才能在競爭激烈的電視購物界，「説」出一片天。

首先介紹一下我的家庭背景，我的父親是公務員，母親經商，姊姊唸的是台大商研所，姊夫更是知名外商銀的高層主管，弟弟則是專業經理人。我高中唸的也是首屈一指的名校——師大附中。師大附中向來就是以校風活潑著稱，校方也鼓勵學生們多多參與課外活動，因此，打從高二開始，我的注意力就不再侷限於課本內的知識。加上運動細胞發達，球類活動更是我的專長，所以只要天色還可以讓我看到籃框，大家都還可以在籃球場上看到我奔馳的身影；包含撞球、足球等都是我很擅長的運動。

我就在附中度過了三年多采多姿的飛揚歲月，大學聯考放榜後，我考上中原電機系，心情更是輕鬆，但萬萬沒想到，不久的將來，我即將面臨人生中的第一個重大挫折。

早在大一新鮮人階段，我就開始進入職場，一開始只是為了買輛摩托車，但家中不准，未能如願，於是就開始瘋狂打工籌錢。在此期間，我做過家教、在速食店兼差，甚至還在咖啡廳當大夜班的店員。現在回想起來，家中每月給我花用的零用錢其實絕對綽綽有餘，是我自己欲望太大，因此才會不務正業，搞到最後沒時間唸書，荒廢課業。記得大一時不但外務多，我還拚命參加球隊與社團活動，直到期末考結束，看到成績單當場傻眼，我竟有三分之二的科目不及格，正式遭遇退學的命運。在這裡鼓勵年輕人，除了多元化發展，還是要做好學生本份該做的事。

事到如今，後悔也沒用。事實上，我還自認另有收獲；我在社團中學到了籌辦活動與擔任領導幹部的技巧，加上藉著一連串瘋狂的打工經歷，我已提早讓自己「社會化」，這也算是另一種學習。然而大一就沒書可唸，總不能肄業去找工作，於是只好硬著頭皮努力K書，發誓一定要考上插班，重返大學校園。

▼學歷不是絕對有用，厚積實力要趁早

我的資質向來都還不錯，只要專心唸書，先把打工、球隊擺一邊，成績往往便能突飛猛進；當年的插班考試競爭激烈，想錄取幾乎比大學聯考還難，但我照樣金榜題名，而且似乎命中注定就是與中原大學特別有緣——我又重新考上中原心理系。

通常只要嚐過被退學的滋味，加上又是歷經一番折騰後才能重回校園，一般人多半就會學到教訓、乖乖讀書，以免退學惡夢再上演。但我卻與眾不同，之前的退學經驗並未讓我埋首書堆中，從此當個整天唸書的書呆子，相反的，我依舊熱衷課外活動，不但當選學生會會長，還積極參加球隊，外務比過去更多。可想而知，我花在課業上的時間，依然所剩無幾。

還好我從退學挫折中還是有記取到教訓，總不忘在考試前做最後衝刺，幾年下來，總算沒再嚐到退學的苦果，不及格雖在所難免，但成績總能低空飛過。即便如此，我還是在心理系多唸了一年才畢業；嚴格算起來，我在中原大學一共唸了六年半才拿到學位，加上因為太「資深」了，所以跟學校附近的店家也混得超熟，對社會百態也因此有了屬於自己的精闢觀察。

為何大學畢業生只能領22K？這是現今台灣社會熱烈討論的議題，我認為答案很簡單，就是只會讀書的人，不見得工作能力就很強，台大甚至哈佛的漂亮文憑，不見得能成為你的職場護身符，因為會讀書、拿高分，不見得能確保踏出校門後就能坐領高薪；書讀得一把罩，更不能保證做生意會賺錢；簡單地說，如今已是一個講求「學歷無用論」的時代，如果要我給徬徨的大學生們一些建議，我會誠心鼓勵大家，在校園中就要開始學著「社會化」，除了吸收書本上的知識已外，還要鍛鍊自己日後的謀生技能，才不會在拿到文憑後，完全無法面對職場嚴酷的競爭，淪為22K的成員之一。

就世俗的眼光來看，我絕對算不上是個好學生，甚至會被人認為是「誤入歧途」，或是師長眼中的頭痛人物。然而撇開成績單上的數字不談，六年半的大學生涯，學業上或許沒有傑出表現，但是參加社團與豐富的打工經驗，卻對我日後的工作幫助甚大。記得大一唸電機系時，我參加了講辯社，發覺演講其實有不少技巧，原本以為自己口才很流暢，待上場後這才警覺完全不是這麼一回事，幾經努力，竟然還抱回了「最佳辯士獎」，這個成績多少證明了自己天生對「說話」這個活兒特別拿手。此外，籃球、撞球也都很在行，特別是撞球，排名大概是全校前三名。豐富的運動細胞，讓我日後在職場上擁有充沛的體力，即使是前一晚長途飛行，奔波兩岸巡視業務，然而隔天一大早，我照樣能夠上現場節目推銷商品，創下驚人的銷售數字。

▼隨時發揮創意，打造商品差異化

同樣是打工，現在的學生往往是到便利商店、加油站應徵，按照公司既定的SOP工作，時時盼望著發薪日趕快到來。似乎沒有太多人願意動腦筋，思考如何融入創意，讓自己的收入倍增。我認為，打工也要講創意，這話聽起來很神奇，但卻並非遙不可及，我曾在上大學前的那個暑假，單靠一個小小的創意，一天就可賺進約八千元的零用錢，這比起現在許多學生只能窩在麥當勞打工，時薪可能只有一百多元，還要多上十倍。

當時，補習班找我們這些準大學生去校園裡販售各種考前猜題，別人多半是一份一份地乖乖叫賣，我卻突發奇想，將題目加工，一一畫上重點後再寫上「必考」、「嚴助教強力推薦」等標題，以此彰顯題目的重要性。就這麼幾個簡單的動作，居然深獲考生好評，口耳相傳之下，我的考前猜題瞬間成為考場中熱銷的猜題寶典，一天下來竟可以創造二、三萬元的銷售佳績，是其他同學的好幾倍。

只靠畫重點的小創意就可以創造驚人業績，我的靈感從何而來？

道理其實很簡單，記得自己首次拿到補習班給的考前猜題，看到密密麻麻的文字，心想，這麼多東西，根本不可能在短短的休息時間內塞進腦海，加上考生心情很緊張，根本無法從頭看到尾。回想自己以往的經驗，考前臨陣磨槍，一定是從參考書上有做記號的重點下手。但是時間緊急，補習班怎麼可能根據我這個工讀生的建議修改產品；於是，我決定自己動手，根據在附中K書的經驗，再參考補習班的講義，在考前猜題中標示出重點，讓考生可以掌握優先順序，讓產品因此成功作出了差異化。就這樣，「嚴助教強力推薦」版的猜題，一天就可以讓我賺上七、八千元的零用錢，這個結果也讓我深刻地體認到，一般人都很懶惰，習慣拿了產品就直接販售，完全不懂得要如何創造商品的附加價值，更不會思考銷售技巧。殊不知只要多花一點心思，突顯產品的特色，業績往往就會大不同。

就在嚴助教猜題賣出心得後，我最後順理成章地晉升為老師，當過家教，大二時也教過補習班，主攻教數理化，這是我從國中時期就很擅長的強項，如果不是大學聯考時的理化課目成績不如預期，我說不定就是台大人了。如今回想起來，這樣的過程有如塞翁失馬一般，畢竟若照我的個性進了台大，我說不定會被當得更慘，根本無法畢業。

比起在速食店打工，在補習班擔任教師的收入至少多出近三倍，月薪可達二萬元，這份收入也讓我打從大學時代起，便不太需要跟父母親伸手，所以可以自己痛快地買下摩托車，讓大學生活過得更加多采多姿。而且，更大的收穫是在補習班教課時，懂得如何在很短的時間內吸引台下學生的注意力，讓深奧的課程化繁為簡，幫助同學們快速吸收知識，這也成為我日後進軍電視購物圈的重要基礎。

台灣每年產出近二十三萬名大學畢業生，其中有超過四分之一的人會繼續留在校園攻讀研究所，我衷心希望這些莘莘學子們，在埋頭苦讀之餘，多想想如何將目前所學的知識應用在未來的職場上。如果有時間，不妨多自修一點「打工學分」，趁著大學這四年，鍛鍊自己的十八般武藝，以免踏出校園後，捧著一張出色的成績單，卻仍在22K的邊緣打轉。

Two

吃苦當吃補——

永遠把自己當成菜鳥

Top sales的江湖一點訣——吃苦當吃補，日久見人心！

無論是銷售基本功或應對技巧，肯吃苦加上態度誠懇，這個永不落俗套的眉角，絕對是你致勝的關鍵。

＊＊＊

「苦讀」了六年半之後，我終於告別了母校中原大學，不像許多同學選擇繼續深造，我知道課本對我而言已失去吸引力，我迫不急待地投入職場，第一份工作便是到巨東公司擔任房屋仲介。

當時的巨東公司，員工規模已有七、八百人之多，而我只是一位菜鳥級的房仲業務員，但憑著在大學時期奠定的社會化基礎，我在入行不過短短三個月的時間，就拿下新人組的業績冠軍。

記得有一次，在公司偶遇巨東董事長李金龍先生，他對我這個菜鳥還沒有太深刻的印象，但卻在初見面時就恭喜我，說我的爸媽給我生了一副好皮相，我給人的第一印象就是正派、誠懇，天生就很容易取得客戶信任，十分適合做房仲。當時正值巨東開始改革，摒除以往賺差價的陋習，公司改採百分之五的固定佣金制，此舉頗受外界好評。加上身為菜鳥，衝勁十足，一旦碰到不懂的問題就向前輩們虛心請教，再給客戶滿意的答覆，不像一些資深同業，動不動就講得天花亂墜，反而給顧客油腔滑調的感覺。相形之下，反而是我這個剛入行的小菜鳥，更容易博得對方的信任。

只是，雖然有著先天的優勢，但我對工作還是不敢有著絲毫鬆懈。哪怕是大熱天，全身汗流浹背，我還是努力發傳單，就算有中暑仆街的風險，也必定是將傳單全部發完才作罷。更別說看板一綁至少是五十幅，手指頭磨到起水泡更屬家常便飯……，但辛苦總會有代價，只要是客戶委託我的待售物件，附近人潮聚集點幾乎都看得到，這樣的狀況直到多次被環保局開單告發，搞到自己荷包大失血，這才心不甘、情不願地酌量少掛一些。

▼前輩指點，業務實力愈發堅強

出道三個月就成為巨東的「新人王」，短短半年的時間，月薪最少就有逾十萬元的成果，有時還可上衝到十幾二十萬元以上。公司慧眼識英雄，要我擔任小主管，手下帶領六、七名業務員，這樣的機會更讓我上了寶貴的一課——優秀業務員不見得能進化成一流的主管或成功的老闆。

依公司規定，每位主管必須扛該單位的管銷費用，收入扣除人事等管銷支出後，才有分紅可領。我帶領的單位雖然不大，但每個月至少也要負擔約三十萬元。記得第一個月結算下來，因為業績沒達標，我不但以往平均每個月的十幾萬收入沒了，甚至還要倒貼十五萬元，自掏腰包跟公司均攤管銷費用。有了這個慘痛的教訓後，我這才發現當主管或是老闆跟業務員是截然不同的，業務員只管衝業績、領獎金，當老闆卻要對數字高度敏感，嚴格控管營運成本才行。

我的個性向來是愈挫愈勇，第一次當主管雖然踢到鐵板，但在休息了幾個月後，我重新出發擔任業務，很快地，又成為了月領十幾二十萬元的傑出房仲。公司方面似乎對我的潛力依舊頗具信心，要我再一次挑戰主管職。而我有了上次滑鐵盧的悲慘經驗後，也抓到了一些要領，懂得開源節流，一方面嚴控支出，另一方面則是身先士卒，帶著同仁拚業績，終於讓整個團隊交出了亮麗的成績單，一雪之前沒領到獎金，還得自己倒貼賠錢給公司的恥辱。

立下戰功後，巨東高層覺得我確實是可造之材，開始將我視為重點培植對象，首先就是將我的座位安排在二位資深副總之間，我因為人緣不錯，嘴巴又甜，二位前輩都很樂意傳授銷售技巧，於是乎，我很快地便在房仲界站穩了腳步。

回想第一次就業的歷程，可能是我比一般學生更早「社會化」，深諳與人的應對進退之道，所以才能在房仲這個嚴酷的行業中生存下來。跟我同期進入巨東的新秀約有五十名，一年後竟然只剩下兩位。回想菜鳥生涯中經手過的物件，印象最深的是一棟位在中正區的大樓，屋主陳媽媽，是同業眼中公認難纏的人物，老鳥們早就把她列為「拒絕往來戶」，認為要拿到她的委託書，根本是一件不可能的任務。唯獨我不死心，憑著一股傻勁，多次上門拜訪，講到口乾舌燥，終於用誠意打動了她，當然日後也順利地將房子賣出。

攻下了這個難度可比攀登聖母峰的灘頭堡後，我的服務口碑就在那棟大樓間傳開來，陳媽媽更成了我的一幅活廣告，逢人就推薦，鄰居心想，連這最難纏的陳媽媽都被我伺候得服服貼貼、讚不絕口，未來找我服務準沒錯。此後，這棟大樓內成交的案件裡，十間至少有七、八間是我的業績，其他同業很難分到一杯羹。

▼突破心防，種子部隊助我達陣

其實，除了靠天天上門的磨功搞定陳媽媽以外，另外一個位在南港玉成公園附近的案件，也是我的代表作，當時的我天天動腦筋想戰術，照樣達陣成功，這個案件因為距離忠孝東路總公司太遠，我無法天天蹲點，苦思後想出另一個絕招，那就是買飲料、買菸請管理員享用，讓他們成為我的「眼線」，最後甚至為了跟一位組長級的管理員打好關係，不惜自己花交際費請他們到萬華阿公店飲酒作樂，一攤下來酒酣耳熱，大夥兒也就順理成章地成為我的種子部隊，只要社區裡有生意出現，管理員第一個通報的人就是我。

不過，這次的阿公店初體驗也讓我大開眼界，原本以為現場坐檯的會是年輕辣妹，萬萬沒想到清一色幾乎都是跟我媽媽年紀相當的歐巴桑，讓我當下只能全神貫注地跟伯伯們博感情，完全不敢造次。

就是靠著這種不斷突破的技巧，我在巨東的這三年，業績始終處於前段班。直到八十年代初期，台灣房地產景氣反轉，我再次面臨另一項前所未有的考驗——說服屋主忍痛賠錢賣屋。想到當初三千萬買下的房子，現在可能要咬牙用二千五百萬元脫手，相信任誰也會抗拒不捨。這可比景氣好時賣房子的難度要高出好幾倍，但也讓我領悟到，多頭市場會賣屋不稀奇，能在空頭市場業績嚇嚇叫，才是一流的銷售高手。

仔細觀察後，我發現一般人不會輕易把房子拿出來賣，遑論賠錢出售。會有賣屋需求的人，多半是經濟壓力、必須遷居他處或是家族分產等因素導致，要說服他們賠錢脫手，我最常用的一招就是秀出周圍的成交行情，用數字讓賣家知道，若不壯士斷腕，就只能等著鈔票隨著時間蒸發。

我曾經接受一位洪老闆委託，出售一棟位於板橋區四川路的廠辦大樓，他當時的買進成本是四千五百萬元，最後則以三千四百萬元脫手，總共賠了一千一百萬元。記得成交簽約後，洪老闆並未一臉沮喪，反而開心地請我吃飯，他說隔壁廠房只晚了幾天出售，就才賣了三千二百萬元，比他還少，而我斷然處置的建議，反而讓他少賠了二百萬元。

簡單地說，我用來說服客戶認賠殺出的招數有三：第一是讓他們明白市場行情賣不了高價；第二是證明自己絕對比同業更努力找買主；第三則是當時利率很高，我會建議客戶與其背負沈重的房貸壓力，還不如把這筆錢拿去做其它轉投資。這或許也跟我大學唸心理系有關，我習慣一面賣房子，一面為屋主做心理輔導，讓他們即使賠錢也不致太難過，說服他們遲早還有機會再賺回來。

若碰上因為一個小數目卡關而始終不願簽約的買主，我就開導他，房子已經找了這麼久，好不容易有了中意的標的物，何必為了這點小錢而犧牲了美好的家園。其實房屋買賣雙方最大的心理障礙都是怕被騙，如果仲介能坦誠相待，擺明自己只賺合理的佣金，不會私下Ａ價差，待取得對方信任後，往往就很容易成交。

▼磨功奏效，超級奧客手到擒來

反之，如果碰上「奧客」，我也有終極必殺技可因應，那就是磨功。我在前面介紹過的這位陳媽媽，性格難纏，雙方議價後差了一百萬，無論我怎麼勸說，她就是絲毫不肯讓步。最後，我選擇天天上門拜訪請安，終於磨到她心軟，最後便在買、賣雙方與公司都妥協的情況下，大家各退一步，終於讓我完成這樁交易。而這段時間學到的磨功，讓我在以後即使碰到再難纏的對手，往往也能安全下莊。

擔任房仲業務的收入頗高，記得我當時不到三十歲，便豪氣地犒賞自己一部BMW。事後想想覺得很可惜，當時若懂得將錢拿去買房子，現在大概賺了好幾倍回來。不過也或許是因為當時家境尚算寬裕，父母親手上有三、四間房子，所以讓我也沒有產生置產的念頭。不過話說回來，房仲業務雖然收入多，但要把錢存下來還真是不容易，因為收入多，所得稅率也高，加上我交際應酬都很海派，缺乏成本概念，所以有時花起錢來，甚至比如今自己當老闆還爽快。

以買車為例，一位年收入二百萬的業務員，繳了百分之三十的稅金後，手上只剩下一百四十萬可用，加上買了一部價值一百四十萬的車，幾乎已經把自己一年的收入花光了。試想，如果是公司老闆買一部一百四十萬的公務車，還可以折抵百分之二十的營業稅，大約只要百來萬便可買到，兩者差距甚大。因此，奉勸各位聰明的業務員們，一定要懂得理財，甚至要求公司配車給自己使用才對。此外，業務員的壓力大，除了犒賞自己還要添置行頭。我擔任房仲三年，年進帳約二百萬，總收入約六百萬元，扣掉稅金跟出國、置裝等開銷，按理說至少可以存個二百萬才對。不過，就是因為自己當時不懂得投資房地產，反而將錢拿去買名車，結果所剩無幾，只能看著寥寥無幾的銀行存款數字安慰自己，這算是一次成功前的自我投資吧！

There

創業前先學負債——

讓人願意借錢給你

創業第一步，就是為資金運轉不靈的狀況預設停損，培養借貸的信任感。

確保親友們願意借錢給你，而且不會突然斷你銀根，這些「金脈」將是日後助你突圍的重要資產。

＊＊＊

三年時間過去，巨東有位副總想創業，邀我一起合夥，自己新創一個房仲公司。幾經思考後我也很爽快地答應了，當時認為與其一直幫人打工，何不自己當老闆？只是創業維艱啊，直到公司開張後，我也開始面臨人生中的另一個考驗……。

在巨東擔任業務員的這段時期，業績表現亮麗，其實有部分因素必須歸功企業品牌的光環；待自創品牌之後，這才發現拓展市場難度甚高。當時的我既是老闆又身兼超級業務員，必須獨自扛下公司近六成的業績，而在打拚一年之後，我深深感受到當老闆與領薪水的員工之間，壓力可說是天壤之別，獨力經營一家新公司其實非常不容易。

之前，我只是一個部門主管，現在頓時成為公司合夥人兼決策者，壓力增加。就這樣，我撐了二年，原本以為業務會漸漸上軌道，總有苦盡甘來的一天。但萬萬沒想到老天爺跟我開了一個玩笑——九七金融風暴來襲。除此之外，我還必須面臨另一個更大的挑戰，為母親扛債的日子，正式展開。

▼天之驕子跌落凡間，毅然承接龐大債務

我爸爸是一名公務員，媽媽則是做進口生意的貿易商，家境原本還算富裕。媽媽一開始做生意，公司取名為「六員環」，老闆加上夥計不過五個人，專做日本進出口貿易；開公司第一年就獲利千萬，媽媽開心到買了二百多萬的鑽石犒賞自己，公司規模也因此迅速擴展。豈料在九七金融風暴中，新台幣一再貶值，媽媽向日本進口貨品，開出

了信用狀，等到提貨時，由於新台幣貶值，當下竟得多支付百分之三十的成本，這當中的利潤等於是讓匯差全部吃光了。更慘的是，將貨品外銷到東南亞市場，由於當地貨幣也貶值，消費力降低，經銷商不是銷售重挫，就是賣完後無力付款，最慘的是有部份商家乾脆宣布倒帳，關門走人。

面對家中突如其來的變故，我沒時間多做考慮，毅然決定結束剛剛起步的房仲事業，回家幫忙。可是，這場經濟風暴實在太嚴重，無論我怎麼努力，都不可能在短時間內弭平已經產生的巨額虧損，撐到最後，我只得壯士斷腕，結束營業，獨力扛下近三千萬的銀行負債，以及母親向親友們調度的三千萬借貸。

而更慘的是，這場風暴讓爸爸的退休金也全數賠光光……。

我帶著二名員工，將六員環貿易部門獨立出來，咬牙開始另一段創業冒險。背負著六千萬的負債，我當時的第一個念頭就是趕快找收入。當時，六員環公司的明星產品是腳底按摩機「休足日」，我清點庫存後發現大約還有七百多台的存貨，每台若以八千元的價格賣出，前景仍然相當看好。而當房仲時買下的BMW，因為媽媽有一天要軋三點半，所以只好以四十萬的代價賣給了車行，連公司用來送貨的租賃休旅車，也因為繳不出租金，被租賃公司收回去。

我後來用二十幾萬買了一部中古賓士，當時只要有人想買「休足日」，我就開著這台中古車到處送貨，直到最後終於將這七百多台腳底按摩機全部銷完，零庫存的佳績，就這樣也換回約六百萬的現金，甚至最後還把腦筋動到媽媽高價買下的鑽石上面，以五折代價出售償債。家中原本在台北市有三間房子、新北市永和區一間，但在財務發生危機後，我將它們統統賣掉還債，全家人頓時成為無殼蝸牛，還得四處租屋，靠著姊姊的金援，讓一家人得以住在一起。

▼努力維持個人信用，排定償債優先順序

我很自豪的是，即使背負約六千萬的債務，我也沒跑過三點半，不用在銀行關門前為了軋支票而提心吊膽。回想自己面對這六千萬的驚人數字，我的第一步是先擬定償還的優先順序，在面臨公司存亡的關鍵時刻，憑此信念改變悲慘的命運。媽媽當時被迫跟地下錢莊打交道，借了三百萬，利息之高只能用「恐怖」二字來形容。故而這地下錢莊

的三百萬借款，便是我優先處理、分期攤還的首要目標。其次則是媽媽跟朋友們調度的借款，這些大約都是三分利的借貸，累積下來，利息也很可觀，所以被我列為第二波處理的對象。

第三波償還的對象，則是銀行與信用卡公司。由於債信良好，在我回家幫忙後，便以信用卡與銀行信用貸款，總計籌措了約四百萬的資金，比起地下錢莊與親友的三分利，利息還算「合理」，但比正常的貸款則高出一大截，因此列為第三波償債對象。

一般人若負債數百萬，可能就會被逼到想尋短，我之所以能甩掉這六千萬的債務包袱，簡單來說就是先擬定還款計畫——利息最高的部份先還，之後不斷尋找低成本的資金來還利息高的借款。當然，釜底抽薪之道還是努力賺錢，清償債務。在此奉勸大家，若想創業做生意，首先要做的功課就是為資金運轉不靈的狀況預做準備，平日就要培養借貸的信任感，讓親友們願意借錢給你，而且不會突然斷你銀根，這些「金脈」將會是日後助你突圍，最重要的資產。

在我清償債務的過程中，當然也有很多時刻是靠著朋友們的支持才能過關；後來我才發現，朋友們之所以願意出手相助，也與過去我累積的信用與形象，以及公司爆發財務危機後，我並未逃避，並且不斷努力解決問題有著極大的關係。大家知道我不會避不見面，而且一直在找尋新的商機，讓負債金額逐漸縮水。還記得有一次瀕臨走投無路，到處找人借錢卻無人可幫忙時，作夢也沒想到國中同學陳醫師竟然慷慨解囊！憑著對老同學的一份信任，他義無反顧地成為我當時的「小金庫」，記得最多的時侯，我甚至跟他借貸了將近七百萬，但即便如此，他還是願意讓我分期慢慢攤還，完全不給我壓力。此外，連當時在立法院擔任立委助理的好朋友，也願意把現金卡借給我周轉。這張年利率百分之二十，額度二十萬元的信用卡，因為我借了還，還了又借，最後竟然「養」出了近六十萬的額度。當然，我最後是全數還清，沒讓任何一位好朋友吃虧。

整個還債過程中，讓我體悟到一個千金難買的秘訣，在此公開跟大家分享。作生意一定會用到支票，很多人總會等到支票到期那天才慌亂地東籌西借，一路求爺爺、告奶奶，眼看三點半到了，銀行快關門了，錢再軋不進去就要跳票了，這才低聲下氣地找債主商量，請求能夠展延換票，多給幾天寬限期。但這種直到三點半到了才求救的行為，我認為是商場上的一大禁忌，好心借錢給你的朋友，當天或許也有軋支票的需要，你的魯莽拖延，不但會害了自己，更可能拖累朋友跳票，就算他財力雄厚，能夠安然過關，卻也勢必對你的信用打上問號，最後結果就是斷送自己好不容易才培養出來的「金脈」。

我的作法是，只要發現開出的支票到期時可能軋不過來，我至少會在一周前就先告知對方，請求給予緩衝時間。對方若有心幫忙，即可預作資金調度，就算對方表示愛莫能助，票期真的無法展延，自己也能另尋其他調錢管道，絕對不會拖到當天才告急。即使出狀況也會坦然告知，不會刻意隱瞞，朋友們有鑑於此，反而會更加願意伸出援手幫忙。

▼凡事秉持正向能量，上天終有合理回饋

在十年還清債務的這段時間裡，壓力之大是必然的，但也惟有這樣才會激發出自己前所未有的潛力。就像有些男生，可在女友到訪前半小時把狗窩整理成溫馨雅房；柔弱的媽媽會在兒女面對危險時變身神力女超人。我始終認為，只要肯拚就有機會，正視壓力總會為你帶來成長。而我，在經歷了這一場還債難關後，學到了會計、貿易、包裝、交際應酬……等技巧，觀察現在的企業講求專業分工，但我沒有任何資源，只能逼自己

摸清楚每個細節，如今看來，這些都是上天給予的恩典。反觀新進員工每每驚訝於身為老闆的我竟然懂這麼多，會計小姐只要一個數字錯，我馬上就會抓出來，經過了這場磨練，讓我學會了一身武功，更懂得把每分錢用到淋漓盡致。

說實話，我直到現在依然很驚訝，在當時困頓的環境下，我竟然能夠還清這筆巨額債務。經常一起上節目的搭檔都說，在購物台的前兩年幾乎從未沒見我笑過。孰不知那時的我，工作一整天回到家，滿腦子都是債務跟數字，明天該還朋友，後天要還銀行，下周可能還有房租要付……，這樁樁件件我竟然都能挺過，沒有被逼到崩潰。曾有朋友問我，許多中小企業倒閉，負責人都是選擇一走了之，之後再找人頭重設新公司，自己躲在幕後操盤即可，我為何要扛下媽媽的債務，辛苦地還債？回想我自己當時的想法是，名譽是每個人的第二生命，若開公司，我一定要自己當董事長，絕對不用人頭或假名，如果真的走到山窮水盡，那我無話可說，但最少要盡力嘗試過才行。也或許是因為這樣的一股動力，激發了我的潛能，為我們人生開闢了另一扇窗。

後來想想，整個還債的過程還蠻甜蜜的，那時候也不會介意自己窮，因為錢財都是身外之物，每一塊錢都是要還給別人的，而還掉的每一塊錢背後都是一份人情。當初若沒有清償債務，如今也無法在此高談闊論。當初還錢並未想過日後會在購物台闖出一片天，也幸好清償了負債，要不然在購物台一露面，肯定天天都會有債主上門，我又怎麼能夠有重新出發的機會？躲躲藏藏一輩子，就怕債主上門，這樣的人生又有什麼意義？套句港劇的經典台詞「該還的終究還是得還」，與大家共勉之。

Chapter 2 奇蹟，就從這裡開始！

歷經退學、負債、創業⋯⋯，種種難關我都一一挺過來了。回想自己過去走過的軌跡，我必須說：「我永遠不後悔」，畢竟若無當時的困苦艱難，又怎會有如今翱翔天際、意氣風發的嚴健誠！

Four

想當主菜？先找個盤子來襯托你

記得把握第一次表現的機會，別太計較得失，要給對方留下良好的印象，才能培養日後更多的商機。

＊＊＊

媽媽的前車之鑑，對我有著很深的影響，當我站穩台灣市場、跨足中國大陸後，我每年固定會編列R&D（研發）費用，以擴展新事業，但我不會像媽媽那樣用借貸來作投資，投資新事業，絕對是使用公司盈餘來支應。

回到當時，我除了繼續販售公司存貨還債以外，也急著想要另闢其他財源。半年後，看到電視購物台逐漸興起，我便在同學的介紹下，正式跨入電視購物這一行。在東森第一年就已有一千多萬的營業額，第二年更倍增到四千多萬，第三年的業績就已成功破億……！到了第四年二億多，第五年四億多，接下來是六億，目前則已經來到了每年賣給消費者近二十億新台幣的各項商品。而在第四年時，公司還只有五名員工，打拚到現在，這幾個跟著我打拚的老員工們，每個月都可以領到十幾萬元的薪水。

這樣的成績幫助我加快了還款速度，直到二〇〇五年中，我總算完全擺脫了負債的陰影。

引薦我跨入電視購物的貴人是我的高中同學鄭吉崇，他當時任職新聞電視台的高層；我們倆是師大附中同學，同時是學校籃球校隊，一個擔任射手，一個負責控球，學生時代就培養了良好的默契；我認為一個人的成功，朋友與同學往往扮演著極為關鍵的角色，只要他們能認同你的做人處世態度，當你遇上困難，往往就會有人願意提供機會幫助你。如果你平常就被認為是個爛貨，那麼自己一旦陷入泥沼，又怎能奢望旁人會救你？還記得那時，東森購物開台第二年，同學看我被債務壓得喘不過氣，於是建議我朝電視購物進軍，甚至透露這是王令麟董事長傾全集團之力去發展的重點項目，後勢相當看好。

▼自備道具營造氣氛，博取通路商信任感

我上電視購物頻道推銷的第一組商品是皮衣，這是透過我太太的關係取得的商品。我一直很感謝她，在我負債六千萬的時候不但沒嚇跑，還願意嫁給我，陪著我一起打拚。為了讓處女秀一炮而紅，展現皮衣帥氣的風格，我甚至透過各種關係去借了二部重型機車，擺在攝影棚當道具。一件小羊皮衣，訂價四九八〇元，大約只有市價的一半，我甚至還當場秀出了採購證明……，努力的結果讓我在第一檔就創造了二百多萬的佳績，從此建立了信心，後來也因為自己願意薄利多銷，還會自備道具營造氣氛，更加建立了通路對我的信任。

同樣的道理也可應用在職場上，大家要特別把握第一次表現的機會，別太計較得失，而是要懂得給對方留下良好印象，這樣才能培養日後更多的商機。

然而事後檢討，我發現皮衣有尺碼問題，商品容易有庫存，一千件商品約有三百件庫存，結算下來，利潤等於全化成了庫存，我得再花力氣才能將庫存處理掉，換成現金。也就是說，雖然在節目上有亮麗的業績表現，但我還是不能鬆懈，必須得將庫存全

部處理完畢換成鈔票，這才能算是大功告成！

這是我在電視購物學到的第一課，因為那批庫存我後來花了四年時間，透過網拍與朋友捧場才全部清光，至今還留了幾件擺在辦公室當紀念。

▼嚴格控管庫存商品，當季新品當季銷售

學到經驗之後，我後來販售羽絨衣時，就特別注重庫存管理。台灣每年只有四個月的冬季，我特別注意天氣的變化，天氣不冷時，可能只有三百件的銷售成績，然而寒流一來，在新聞媒體鼓吹、消費者出現保暖需求的前提下，一檔銷量可衝到六百件之多。由此證明，再好的話術都比不上抓對銷售時機。天氣一冷，大家就想買冬衣，天氣轉暖了，即便你說到口乾舌燥，銷量就是一般。

這件羽絨衣的價格只有市價的三分之一，而羽絨衣還有羽毛梗跟羽絨的分別，我甚至刻意挑選羽絨比較高的等級來販售。此外，還在現場請購物專家隨機挑出羽絨衣，用刀片將衣服劃開，現場捧出的羽毛確實就是羽絨多、梗少，每每這個動作一秀出，訂購

電話立刻滿線。我甚至還拿出一般外套來與羽絨衣一起秤重，結果發現羽絨衣只有一般外套的一半重量，證明穿在身上絕對輕飄飄，完全不會有負擔。

記得這一次的銷售紀錄，六千件的羽絨衣，賣到最後只剩一百件的庫存，遠低於正常的三成庫存，應該算是破了東森購物的紀錄。秘訣是我由一開價的二四八〇元加贈品，之後清倉減價到一九八〇元，當然，我的運氣也是出奇的好，銷售期間竟然遇上寒流來襲，就這樣創下了最低庫存的佳績。後來不僅是皮衣、羽絨衣，就連新發明的吹氣外套，我也曾有過一檔賣出八百萬的成績。曾有廠商羨慕我，賣美白組便出大太陽，賣羽絨衣就遇寒流，其實這都是經過長時間的籌畫與備貨，並且憑著經驗抓時機，才能拚出好成績。

後來，因為國際羽絨價格大漲，加上擔憂買到第三世界的黑心原料，我開始引進台灣研發的吹氣保暖夾克。功能雖然未臻完美，但與知名品牌動輒上萬元比較，價格便宜了一半，成功打響了「從室溫二十度到零下三十度，這件夾克都可以搞定」的訴求，簡直達到「智慧型控溫」的地步。消費者厭煩了由衛生衣、襯衫、毛衣、外套的層層包裹，不少人被吹氣夾克吸引，特別是前往中國大陸經商的台商們，一碰到室內有暖氣，室外下大雪，穿脱就很傷腦筋，這款外套洩氣後體積小，很適合外出旅行攜帶，台灣便有許多親友搶購當贈品送人，記得我曾有一檔創下八百多萬的銷售紀錄。

此外，我還跟旅遊節目結合，到韓國旅遊時，也帶著這件夾克出外景。另外則是找女藝人上節目展示，證明即使冬天也不用穿太多，一件夾克就可以防寒，不用全身包得臃腫不堪，就像包粽子一般，曼妙身材即使冬天也可展現。

而我為了取信消費者，還特別為吹氣夾克取得公正單位的測試，證明可以抗低溫到零下七十度。後來，我乾脆自己穿著夾克，並在衣服內別上溫度計，於零下二十度的冷凍庫裡待上二十分鐘，來證明品質所言不假。

總之，每件事情之所以成功絕非僥倖，我只想跟大家說，想當主菜，那就要找個適當的盤子來托住自己！

Five

專撿別人不要的——

單憑直覺就能找到金脈

永遠專注在工作上，自能培養出過人的直覺，成功預判消費者的反應！

不論從事哪個行業，都應培養這樣的直覺，這正是成為頂尖高手必備的內功心法。

＊＊＊

繼羽絨衣熱賣之後，我接下來定調的第二波熱賣商品是精油，透過朋友的推薦，我發現精油風潮在台灣正方興未艾，但是大家都多半習慣使用加熱的方式，不論是燈泡或蠟燭，都有一定程度的危險性在。於是，我找了一家廠商訂製「擴香儀」，可將精油霧化，直接噴灑到空氣中，薰香效果非常好。電視購物中向來以稀有商品為主訴求，每檔約可銷售二百多組，賺進二十幾萬，一個月下來便可獲利約八十萬，我粗估後發現，整趟下來若可賣個三千組，我就有了還債的基礎。過程中雖要自己逐一用手工分裝小瓶精油，單單鎖瓶蓋這個動作，就足以讓我鎖到手指頭長繭、疼痛不已，但想想還是覺得很值得。

精油商品沒有尺寸的問題，可是在數量的掌握上卻得更用心，到底是要下三千組，還是五千，甚至一萬組，這關係到最後的盈虧，所以我格外小心。通常，在購物台的銷售初登場的產品，我習慣使用「合理價」開賣，等到第二波時，再考慮是否要降價或加送贈品，也就是出現再消費或介紹組的特惠組合；待銷售到第三波，價格就已是所謂的「清倉價」，意謂著此項商品不會在購物台露面，可能會轉往其他通路或網路販售。待三波段的銷售結束後，就會有所謂「第二代」也就是更新版的商品出現，這其間，要如何拿捏訂單數量與最後的獲利數字，息息相關。

▼專注本業培養直覺，持續締造完銷佳績

說起賣精油最讓我難忘的經驗，記得有一次早上，是六點四十分的檔期，凌晨五點

就得報到，而起了一個大清早去錄節目的結果是，整場節目下來只賣出一組，我頓時成為購物專家的笑柄。但我不氣餒，繼續想辦法，記得有次剛好碰上農曆春節，很多大咖廠商都放春假去了，根本沒人上節目，但我反向思考，認為大家吃完年夜飯，除了小賭就是看電視，於是主動要求購物台，只要是別人不上的檔，我統統包下來。結果，春假過後，我至少賺進數十萬，這就好比過年很多地方都休市，卻有人願意不辭辛勞地出來擺麵攤，在沒有競爭對手的情況下，生意當然特別好。

當初進入購物台，賣皮衣時是靠購物專家協助，後來，在賣精油時，我特地找了一位女廠代幫忙，每每在天剛亮時就得去接她出門，一起上電視錄節目，待錄影完畢後再送她去上班，前後至少耗掉我們四、五個小時。後來知道對方老公抱怨，他老婆得經常跟著我早出晚歸，於是為了避免麻煩，我後來毅然決然地自己上場，結果萬萬沒想到，居然也讓我摸出門道，不知不覺地……十五個年頭過去了，我意外成為廠商網紅。

該在什麼時段販售什麼商品，也是購物台行銷必修的功課。有過清晨第一檔只賣出一組精油的窘境後，我發現主因是客層沒抓到，如果改在周六、日上檔，精油商品其實可以賣得很好。

累積了幾年的實戰經驗，讓我練就了一套獨門的「特異功能」。購物台的LIVE節目，通常都會有製作人待在樓上的副控室裡，隨時透過耳機告訴購物專家目前的訂單數字。我會試著去猜猜每一檔的銷售數字，培養廠商與消費者之間互動的直覺，直到第四年之後，我猜銷售組數的能力幾乎已臻「準到不要不要」的等級，命中率幾乎都在九成以上，連天天上節目的購物專家都覺得不可思議。而這樣的敏銳度當然有助於我挑選熱賣商品，讓我的節目檔檔都爆量。

至於這項「特異功能」是怎麼練出來的？我認為只要對工作夠專注，累積久了，自然都會有過人的直覺，得以預判消費者的反應；不僅是電視購物，從事哪個行業都應該培養這樣的直覺，才有機會成為頂尖高手。

Six

熱銷商品來自人性——

真人實證持續見效

花時間去升級利基型產品，有時遠比開發新產品更重要；此舉既可穩住舊客戶、還能透過口碑擴散，創造新客戶。

＊＊＊

有過成功熱銷精油產品的經驗之後，我開始進軍保養品市場，也讓我嚐到了暴紅的滋味，其中最具代表性的產品，則以「電氣美白面膜」莫屬。這項產品是由媽媽介紹的某位日本供應商引薦而來的，據說有某款系列產品具備快速美白的功能，而更神奇的是，保證一搽見效。待試用之後，我覺得該項商品的市場潛力甚佳，但就是成本高了些……，幾經評估後，我決定跟日本廠商「醜話說在前頭」，直言購物台的票期是六個月，萬一產品大賣，像六員環這樣剛起步的小公司，是萬萬不可能有這般龐大的週轉金可用，因此供貨商必須能夠配合我們的收帳模式，大家才有合作的可能。

日商考慮後也同意了我們的要求，更配合降價逾三成，甚至答應只要賣出一萬組以上，就有銷售獎金可領。最後，在我們的努力衝刺下，「電氣美白面膜」在短短三個月內創下狂銷一萬多組的記錄，平均每組利潤是五百元，四個月下來就有五百多萬的獲利，算是我在購物台正式賺到的第一桶金。更棒的是，面膜不像衣服，有尺碼與季節的問題，也不像精油，市場熱度散得很快，有產品壽命的問題，這款面膜屬於全年長銷型產品，可以維持很長一段時間的獲利。

▼名人現身說法加持，商品效果利上加利

記得當初日本廠商在向我們初次展示「電氣美白面膜」的效果時，我就被它的效果深深吸引。商品主訴求是搽了之後會在四十秒馬上變白，消費者一聽難免會對成分產生質疑，針對這部份，我們事先申請了當時衛生署（現名衛福部）許可證，然後再申請含

藥化妝品核可，讓消費者可以安心使用。待取得相關檢驗，證明無有害成分後，我們便開始在電視購物頻道上販售，一上市便熱銷。

除此之外，為了讓消費者用得安心，我們特別提供試用品，並且找了當時的藝人小潘潘親身體驗。如今的小潘潘已嫁作人婦，生活幸福美滿，但當時的她可是綜藝天王吳宗憲「百戰大勝利」的固定班底，經常要在台中月眉遊樂世界的烈日下錄影，曝曬一整天。加上她本人的膚質並不像其他藝人那麼白皙，所以我乾脆跳脫傳統以白取勝的思考模式，刻意選擇她做為代言人，就是希望主打黑天鵝也可以變白的訴求。

記得小潘潘當時錄影完畢後，還曾經很憂心地主動要求，希望能暫時停止上購物台錄影，就怕曬了十二小時的肌膚，會對節目造成不良影響。但我堅持這個時候一定要上節目，因為只有曬黑之後現場試用，才能突顯產品效果。結果，「百戰大勝利」不論主持人或來賓，一天下來都難逃紫外線的威力，各個肌膚都曬成了古銅色，只有小潘潘還能維持亮白，自然購物台檔檔大賣，供不應求。

▼升級利基型產品，開發新品先擺一邊

也由於有了「百戰大勝利」的錄影為證，所以只要小潘潘一提到，昨天曬了十二個小時，但是因為使用過「電氣美白面膜」，所以照樣能夠明亮白皙地出門，商品銷售就很容易刷新紀錄。之後，該項商品研發到第三代時，我們更進一步取得衛福部「美白肌膚」的認可，鎖定女性消費者想要白得更快、更安心也更有效的心理，儘管市場上開始推出同類型產品，但我們依舊稱霸整個市場，至今熱銷七年，數量已達兩百萬瓶之多，平均每年依舊可以創造一億元的業績。目前除了台灣之外，還成功打進了中國大陸與東南亞市場。連在中國大陸都可賣出六、七十萬瓶，在中國的總銷量也已突破幾百萬瓶之多。

「電氣美白面膜」算是得天獨厚的強勢產品，但要維持熱度不減，還是得搭配各種檢驗與不斷研發改進才行。商品由第一代改良到第四代，每年都能創造穩定的收益，由此可見，花時間去升級利基型產品，有時遠比開發新產品更重要。因為這樣不但可以穩住舊客戶，還因為口碑擴散，可以不斷創造新客戶。

Seven

創新——
企業的核心競爭力

建構橫跨兩岸電視購物的服務平台，並且自設研發部門，進行技術轉移，研發新商品。

創新是企業永遠不變的核心價值，更是確保企業競爭力的不二法門！

***

目前跟我們固定合作的知名企業至少有七、八家，約有十多個大品牌，大家可能都好奇，他們為何不自營電視購物通路？其實，一般企業每周工作五天，員工習慣朝九晚五，了不起加班到八點；但是購物台的黃金時間，是晚上八點到十二點，六、日更是兵家必爭的時段，加上購物台的檔次不穩定，一個企業若設了固定的部門專攻購物台通路，不見得可以平衡開銷。台灣購物台一年約有三、四百億的業績，加上設計網路型錄，就有六百億的規模，有鑑於此，許多大企業自然會選擇由我們做行銷代工，把通路接洽、產品出貨甚至售後服務，讓我們幫忙一次統統搞定。

一般的日常用品適合在大賣場銷售，但保養品、特殊的保健食品等，就需要在電視上做深入介紹。台灣現在的電視頻道約有九十多台，進入數位化後約二百多個頻道再加上MOD，廣告效果愈來愈有限，上購物台既可達到廣告效果，還能同時銷售，於是，我們搶先整合並代工商品的行銷活動，這種作法自然會成為潮流。而這套模式未來還可以擴展到中國大陸，因為對岸的市場更廣大，如果有家公司要把產品行銷全中國，它絕不可能在每個省份都設據點，反觀若將這個行銷工作交給我們旗下的五位廠商代表來執行，涵蓋全中國二十多家購物台，產品肯定一下子就在全中國大陸曝光了。

▼大品牌卻給廣告價，有效吸引目光

隨著台灣消費者意識愈來愈高漲，購物台剛開始有所謂「白牌文化」的規則，許多沒有知名度的產品，都會習慣來上電視購物頻道打響知名度。但名牌畢竟還是比較容易取得消費者信任，大家還是會青睞名牌商品……，而我因為看到這個商機，於是開始隨著購物台愈來愈受到認同，我開始引進大品牌，但給的卻是廣告價，以此方式吸引新顧客，效果頗佳。例如耐斯集團的「萌髮566」，廠商每年花上三千萬甚至五千萬做廣告，但每檔廣告頂多一、二分鐘，根本無法深入介紹。然而透過我們在購物台銷售，每檔都有四十～六十分鐘的深入解說，觀眾更可享有原定售價打六折的驚喜優惠，十天鑑賞期內，還可以免費試用商品，不滿意可退貨。原本每瓶約三百元的商品，經過我們包裝後變成二千元一組的禮盒，銷售至今已經賣出近二萬組，創下近六千萬的佳績。

我目前還有另一項創新業務正在執行中，那就是買下某個時段來自製節目。V05旗下有家牙寶生技公司，該公司與工研院合作，專營乳牙幹細胞業務，每位客戶單價十二萬元，為了節省行銷預算，他們與我們合作，並由我出資向購物台買時段，找藝人上節目解說，甚至連我女兒都去取牙體驗。之後，針對潛在客戶進行電訪，再找相關幼兒企業合作，教育家長錯過了臍帶血儲存，為孩子未來的健康著想，要把握乳牙幹細胞這最後的機會。

真要做到這個階段，必需取得購物台的信任，否則它們是絕對不可能輕易出售時段的。

其實，大陸購物台市場，目前至少有新台幣三千億的規模，未來整體（包含電視購物、電商、網紅節目、直播平台）還可能會成長到一兆元，我曾在台灣熱賣過的產品，廠商都希望跟著我一起前進中國，於是，我開始建構橫跨兩岸電視購物的服務平台，目前在對岸銷售包括保養品、內衣、套幣⋯⋯等，未來更不排除自設研發部門，進行技術轉移，開發具有潛力的新產品。

▼捨棄高毛利策略，成功博取信任

人說：「台上三分鐘，台下十年功」，以往在演辯社、系學會會長、房仲時期累積的講演經驗，如今都成為我進軍購物台的基礎，上電視半年之後，我大概就已經掌握技巧，若深論與其他廠商的差別，應是在於我選擇比較平實的路線，同時期以誇大宣傳取勝的廠商，這幾年似乎都已經消失了。所以，不管在台灣或其他國外市場，我認為建立信用才能長久。

許多同業都很羨慕我，認為只要我一上節目，業績經常就是全壘打，我統計過，跟我買過商品的消費者，每年至少超過一百萬人，但是因為我銷售的商品品質有自己設定的6S嚴選標準，所以從未出現過問題，所以消費者對我的信任感很高。不像有些業者追求高毛利，而我一向是薄利多銷，一台四十吋的電視只賺五百元利潤，所以一天可以賣掉上千台，平均毛利可能只有百分之三，最多只有百分之八，還好現在的購物台節目，有些是錄完後不斷重播，讓我可以省下藝人的通告費，畢竟若每檔都是現場節目，我的成本想來肯定會大幅提高。

這個轉變讓產品要上購物台的新進廠商門檻變高。但對我來說，反而變成是一種優勢，首先是，當毛利降低、進入門檻墊高後，我的競爭者也隨之變少。現在狀況是，購物台紛紛前來找我談合作，邀請我當他們的戰略夥伴，箇中原因在於，許多知名廠商已不願單獨跟購物台打交流道，因為投入人力、物力錄製的節目，很有可能只播出一檔，成本根本無法回收，廠商們寧可找尋像我這樣的業者來做品牌整合行銷。

此外，我能主攻低毛利市場，主要優勢在於我以口才吸引人，擁有廠商代表與藝人的雙重身分，很容易贏得消費者青睞。未來，我要複製這套模式，希望公司的經理人也能上電視台去作銷售，畢竟時段占有率高，新進的競爭對手要卡位只會更辛苦。

再者，善於控制庫存，也是我另一項競爭優勢。說起我們的毛利之低，宛如是貼著地板在低空飛行的狀態，其他人若想模仿這套模式來營利，恐怕只有飛得更低，但極有墜毀的可能。

▼置入式行銷，建立本土第二通路

除了傳統的電視購物模式，我預計要執行的另一項目標是發展置入式行銷，推出類似「女人我最大」或「國民大會」的節目模式，結合CALL CENTER來建立本土的第二通路。此外，網路電商包含影音銷售是更大的市場，公司的業務員會直接去找尋各個企業的福委會，介紹例如美白牙齒的齒貼之類的暢銷產品，每個人當月甚至可以創造五十萬元的獲利，這些都是延伸電視購物的附加價值。如果有第二代商品要推出，那麼第一代的產品即可透過購物台網路，以原價七折或半日即購活動來做促銷，原價一九八〇元的南瓜籽，往往在幾個小時內就可以出清數百組。我評估目前有一群特定的消費者專門逛網路，找尋低價好康來撿便宜。就這樣，我的公司每個月可以創造六千萬的營業額，箇中差異在於現在是通路百家爭鳴，然而操作的本質，依舊不變。

銷售的關鍵就是「通路」，市場上才會有「通路就是王」的說法。如何幫自己代銷的商品找到更寬廣且具潛力的軌道，這將是我未來的發展重點，也是我新事業制勝的重要關鍵。

Eight

「長」銷好過暢銷——

商品性價比是關鍵

再好的商品也要經歷過市場殘酷檢驗，才能分出優劣！

「品管」是永不退流行的銷售的良藥，努力延長商品壽命，確保銷售曲線永遠上揚。

＊＊＊

購物頻道商品競爭激烈，對手之多，實在難以想像，隨便舉例，像是納豆商品就有十三種打對台，主打葉黃素的保健食品也有十多家廠商在競爭，此外像是甲殼素、減肥糖、乳酸菌……等，每項商品都有很多挑戰者。大家可別以為我只是打低價牌一招，就舉我剛剛說的納豆商品好了，別家廠商的商品都是賣一九八〇元，而我主打商品售價，便是硬生生地比它們再高出一千元。其實，我認為保健產品勝出關鍵不只是吃得心安，而是要吃了有效，有效成分多、成本增加，當然要貴一點點！

記得有一段時間因為父親中風，當時忙碌到一天只能睡四、五小時，白天錄節目，晚上可能還要應酬，或是去醫院照顧父親，這個過程讓我更加體認到心血管保養的重要性，故而在挑選納豆產品時，也因為自己想要服用，所以就刻意找尋高活性的產品，甚至特別送到工研院檢驗，證明該樣商品的活性可達業界最高。

目前的上班族普遍有勞累的現象，有鑑於此，在推出納豆商品前，我要求廠商另外添加牛樟芝、紅麴、紅景天等營養素，讓納豆既可降低現代人最苦惱的高血脂、高血糖與高血壓等三高問題，還能對抗疲勞與甩掉惱人脂肪。

藉由這樣的商品訴求，我確信就算價格貴上三成，靠著活性檢驗與不含黃麴毒素等證明，也能成功打動消費者。而結果也不負眾望，透過這組商品，我成功發掘了許多想要吃高效保健食品的客群，這組複方納豆商品，截至目前已經熱銷五年，總銷量達到四十多萬瓶，成績斐然。這個結果就好比是一部七十萬的國產車與售價二百五十萬的進口車，兩者之間一定有著某種等級上的差異，但是要讓消費者選擇進口車，業者就得提出有力證明來強調品質差異與性價比的優劣，才能讓客戶安心買單。

▼透過自身經歷渲染，強化客戶同理心

為了提醒消費者健康的重要性，我特別邀請媽媽上節目，講述自己家其實有中風的家族病史，大伯、二伯都因中風過世，沒想到爸爸也中風，家裡頓時陷入愁雲慘霧。如果你是一家之主，原本月薪五～六萬元，若現在不幸倒下了，不僅家中主要收入來源沒了，每個月可能還得另外花上五～六萬元的醫療開銷，藉此提醒大家保養心血管的重要性，這個訴求也成功打動了電視機前的觀眾，紛紛拿起電話訂購。

在銷售納豆商品的過程中，公司內部其實曾有主打低價市場的構想，但我始終反對到底，原因在於我認為保健食品的銷售關鍵在於回購率，如果降價，就沒辦法將有效的主成分添加足夠劑量，效果自然會打折。而事實也證明因為品質佳，我們的客源很穩定，當時若真得拚低價銷售，產品可能只是曇花一現，很快就陣亡了。

說起這款納豆商品的銷售，當初原本是日本廠商自己來接洽，可是他們提供的原產

品活性並不高，我記得當時在南科便有一家生物科技公司，已自行研發出有專門的發酵技術與數十噸的發酵槽，其所生產的納豆活性很高，我打聽之後如獲至寶，跟營養師、醫師研究後便立即包下該公司的所有產品，包括紅麴、牛樟芝、紅景天等，然後添加於我的銷售商品中。這樣的作法果然創下三～五成的高回購率，特別是在氣候變天時，身體反應更明顯，銷售數字往往便三級跳，甚至是到了夏天，納豆商品也依然暢銷，有時因為該項商品太久未在購物頻道上出現，老顧客們還會主動來電詢問，希望我們能夠再繼續販售，就這樣……五年時間裡，我們大約銷售了四十萬盒的納豆商品。

▼複方成分加持商品，薄利多銷再次奏效

再舉葉黃素為例，一般廠商找的是Kemin❶，但我找是DSM❷，這是全球最大的保健食品廠，每年創造上千億的業績，成本雖是業界最高，但商品成分卻也是人體最容易吸收的一款，在台灣僅有少數廠商可取得貨源，這項商品至今也已熱銷超過十年；現在最新的是使用液態游離型的葉黃素，還申請了二項專利，在半年內再度熱銷十萬瓶。

其實不論是納豆或葉黃素，保健食品在當初並非公司的銷售主力，但我卻依舊嚴選全球等級最好的原料來製作，輔以薄利多銷的策略，一舉攻下市場。事後，連製造商都很佩服，認為像我這樣的市場新手，竟能將這種市場競爭激烈的商品推向巔峰，衝出近五十萬盒的業績，實屬難得。

愛之味總經理也曾私下與我聊過，認為這個經營策略完全正確，當初在購物台至少有十多個納豆品牌，現在只剩二、三家，每項商品在歷經優勝劣敗，市場淘汰之後，隨著競爭對手一一退出，我的商品市占率也開始直線上升，事實證明，我的經營方針確實一直走在正軌上。

NOTES

❶ KEMIN是美國最大生化科技公司，也是世界級食品與飼料添加物的跨國公司，銷售辦事處遍及全球七十多個國家。

❷ DSM是一家專注於生命科學和性能材料的跨國公司，總部位於荷蘭，目前的業務主力橫跨營養、製藥、性能材料、聚合物中間體、基礎化學及材料等領域。

Nine

要就給全套——
商品附加價值才是決勝點

唯有持續且不斷地改革，才能有豐盛的收穫。再好的產品也要有技巧地延續銷售長度，而我的做法就是搭配不同的贈品來販售。

＊＊＊

銷售「電氣美白面膜」，我習慣使用的話術是「市面上三千至五千元的保養品，美白可能要等二～三個月，這項產品有速效，馬上用馬上白，加上我們已經銷售七年了，商品若有違法成份，早就被踢爆了。更何況，我們還不斷改進配方，成份得到衛生署的認可，既有效更長效。在日本更被暱稱為約會面膜，在熬夜多日後，皮膚暗沈、黑眼圈，都可以快速改善。」直到後來，我更進一步鼓勵消費者用它來做全身美白，「……要不然只有臉白，其他地方的肌膚顏色不勻稱，豈不是很像日本的藝妓？所以腳、手與其他部分都要搽。」

就這樣，銷售量飆升了三倍。

這就好比是賣保險，在賣給個人之後，當然還要想方設法地擴充到被保人的整個家族；就像我銷售「電氣美白面膜」一樣，就是要設法從一張臉延伸到全身上下，並與原廠不斷研究改良配方，讓它成為長銷品牌，變成不敗的長勝軍。在職場上也是這樣，要懂得突顯個人優勢，而且不斷的強化，自然可以佔有一席之地。這就好比是銷售汽車的業務，如果懂得新車特性，就要將它列為銷售的主要訴求。例如新車優點若是省油，那麼你就要清楚告訴顧客，這輛新車每公升耗油量比競爭對手省多少，甚至還要提出相關實證，取得信任。這樣會比一次講上十個優點，更加令人印象深刻，更有機會讓消費者買單。

▼提升商品附加價值，有效延伸銷售周期

台灣屬於成熟市場，消費者早已跳脫品牌崇拜階段，轉而追求持久與實用性商品，

因此在電視購物的訴求上，強調的是有檢驗實證與知名人物的親身體驗。在購物台有些產品只能存活一年半載，原因通常是低價促銷，導致商品毛利始終在虧損邊緣遊走，長此以往自然無法採用最好的原料，消費者回購意願也低，自然很快就陣亡。

此外，贈品也是延長產品生命周期的要素，好的產品需要有技巧地延續壽命，才能成為屹立不搖的長青樹，而我的做法就是搭配不同的贈品來販售。例如當年搭配熱銷商品「電氣美白面膜」的贈品是金箔洗面乳，這個決策的結果一樣深受顧客歡迎，我也發覺到它的超人氣，決定獨立出來銷售。結果，在早上六點四十的冷門時段，成功創下一千多組的銷售成績，破了當時購物台的銷售紀錄，也一雪我之前精油只賣一組的恥辱。

除了金箔洗面乳這項贈品以外，在推出第四代電氣美白面膜時，公司剛好也順利取得芭比娃娃限量包的授權，我當下決定結合兩樣強勢產品，消費者不但買到長效、速效、有衛福部許可的面膜，同時也能將夢魅以求的芭比紀念袋帶回家，甚至還附贈瓶子內看得到珍珠的精華液，就算平常二千多塊錢的價格，調漲到三六八〇元，我還是成功賣出超過五千組，創造了二千萬以上的業績。由此可見，操作品牌的決策者，要懂得不斷提高自我的附加價值，才能將核心商品生命不斷延續。

這就好比股票炒短線的作手，獲利往往比不上長線布局的投資人。當初我也碰上不少同質性的競爭者，商品價格只有我的一半左右，但卻因為提不出任何認證，也沒有具備愛用者實地見證與說服力，甚至原廠的原料證明也付之闕如，就形同是只想來炒一個月的短線，自然比不上我們長期的耕耘，最後終歸是被市場淘汰。「電氣美白面膜」銷售一度站上公司業績的五成，現在因為代理產品眾多，比例下降到百分之十五，但仍是公司最閃亮的銷售明星，而且是讓我還清負債的關鍵。由此可以證明，唯有持續且不斷地改革，才能有豐盛的收穫。

Ten

過河卒子也能翻身——

不留後路，強迫自己成長

或許現在的你只是一名配角，但請勿妄自菲薄，只要累積實力，等到有機會站上舞台、一展身手，你仍有機會馬上變主角。

＊＊＊

由於過去的淵源，家族長期與日本企業往來，我後來發覺日本產品品質都很不錯，可惜價格太高，若在台灣販售實在很難有競爭力。後來，我成功說服日商，將產品改放在台灣OEM，在大幅降低成本之後，每樣商品往往都能成為購物台的明星產品。有人看到這邊或許會問我，為什麼不自己取得配方生產，那豈不是會賺更多？其實，問題在於供貨商也不是笨蛋，他也會找尋其他通路管道，若真得這樣做，我豈不等於為自己創造了另一個競爭對手，得不償失。

再回到上一篇提過，由「電氣美白面膜」延伸而來的金箔洗面乳，它則是另外一份驚喜。相傳早在埃及艷后時期，這位王后便習慣在睡覺時戴上黃金面具作保養。黃金是屬於惰性金屬，延長性甚佳，可刺激臉部膠原蛋白增生。日本人原本就有用黃金保養的習慣，有些女星會在臉上「植金絲」，一次約要新台幣十幾萬元，美容沙龍也有金箔敷臉，一次也要台幣上萬元。廠商後來研發技術，將黃金研磨到最薄程度，灌到洗面乳內，我發現後就覺得會廣受歡迎。就像生日有黃金蛋糕，富豪會打造黃金馬桶，現在一般人也可以用黃金洗臉。

▼將市占率無限擴張，蓄積實力研發新品

金箔洗面乳一開始只不過是主力商品「電氣美白面膜」的贈品，後來實在是因為市場反應太熱烈，於是便將它獨立出來銷售。賣到第三年時，公司約有六人，一個月開銷大約要四十萬，我那時做了一項大膽嘗試，以五瓶一四八〇元的價格促銷，利潤低到

只有百分之十，每個月幾乎銷售都破三千組，結果單靠這支商品，竟然就可以養活全公司。這也是我首次將商品利潤壓到超低，但卻成功刺激銷售量由二萬支飆升到十五萬支的紀錄，真是標準的小兵立大功。

若你問我為什麼要這樣做？當你的產品已是市場獨一無二的冠軍，你又何需要將利潤降到微薄，這幾乎是斷了所有競爭者加入市場的後路，遑論金箔洗面乳銷量激增，一個月便可創造五十萬元的利潤，公司開銷根本不用愁，單靠其他產品就能幫公司賺的就是淨利了。這就好像依賴你的薪水就足以養活全家人，那麼太太的薪水便可存下來做為日後購車、買屋之用的道理一般。

相信大家一定都無法理解我的用意，其實若我打著金箔的旗號，改走高價路線，例如將價位抬升到二九八〇元，利潤或許會攀升三倍，但相形之下銷量卻會萎縮。我評估整體局勢後，還是覺得寧可讓金箔洗面乳扛起「一家之主」的重擔，讓我徹底擺脫虧損的後顧之憂，留下更多力氣去大膽開發其他產品，當然，事實證明這項策略很正確。

▼隨時準備伺機而動，小配角蛻變成主角

金箔洗面乳會從配角變主角，確實考驗著我的判斷力。上市半年後，購物台反應有不少客戶想單獨購買，打進公司客服專線的詢問電話更是應接不暇，足以證明市場需求殷切。此外，它的愛用者除了女性外，許多男性也頗熱衷，原因在於金箔對於抑制痘痘有著一定的成效。我嘗試一次以四～五支的組合推出，考慮外面洗臉商品定價二、三百元者比比皆是，如果我採用同樣價格，卻可買到內含金箔的商品，一推上市肯定很瘋狂。

這個策略執行到三年前，因為金價起漲方才喊卡，因為是原料漲幅驚人，實在無法持續固定的銷售，目前我打算一季推一次限量組，算是答謝死忠的愛用者。至於價格只小漲二百元，目前確定是一六八〇元，比起金價漲幅，算是微調，目前只要一推出，依舊幾乎是秒殺搶光。

金箔洗面乳後來也推出含有新配方的二、三代產品，熱賣六年多，可惜金價漲太多，利潤幾乎連付運費都不夠，於是我讓黃金再次退回到贈品的角色，也成功拉抬了許

多新商品進駐。就如同有些小成本的片子，卻也能夠意外大賣，但要成為經典名作，還是力有未逮，畢竟卡司不夠強；只是片子一旦爆紅，片中原來的小卡司，片酬也會開始水漲船高，任誰都不可能再走回低片酬路線一般，道理相同。

因應金價暴漲後的對策是，我將原本獨立出售的主力商品再次轉成贈品，成績依舊亮眼。同樣的原理也可應用在職場，或許現在的你只是一名副手，但也不要妄自菲薄，只要累積實力，等到一展身手的機會出現，仍舊可能馬上變身為主角。

銷售嚴選 Q&A

如何與OEM工廠議價，談判付款條件？

解答此一問題之前，先來了解什麼是「OEM」（original equipment manufacturer），其實是指原單位（品牌單位）委託合同進行產品開發和製造，用原單位商標，由原單位銷售或經營的合作經營生產方式。而委託OEM的好處在於社會化分工、專業化利益驅動。

ODM的產品特色即是針對客戶需求，進行產品客製化，所以委託者仍然應該具備市場銷售價格的敏感度，這一點非常重要。如果能夠對於OEM工廠進行大量議價及付款條件議定，就有利於委託OEM的產品可以在市場趨勢中立於不敗之地。

Eleven

我就是廣告代言人——

開口前想清楚，商品要賣誰？

話術動聽，往往比不上證據有效；有效證據，遠不及名人現身說法有力道；看別人體驗，還不如自己親身嘗試。

***

購物台的節目一檔是四十分鐘，過程通常是得在前面十五分鐘，把產品特色全部說清楚，以話術激勵，讓消費者感興趣、盡快下訂單。消費者若在前面十五分鐘完全不行動，最後會購買的機率便不高；這算是通路史上最嚴苛的考驗，因為一般人的消費習慣是貨比三家。

說起我的溝通邏輯是，動聽的話術，往往比不上實質的證據，證據又不及名人實際的體驗有說服力；

看別人體驗，又不如自己親身嘗試。所以要在適當的時間，提醒觀眾可以善用七天滿意鑑賞，讓他們先把產品帶回家試一試。

要讓通路買單，首先是要勇於開發新商品，我曾經銷售過東森山莊的別墅產品，這還真是截然不同的領域。

首先，我做足了功課，瞭解目前在桃園地區有哪些競爭對手，發現該項商品特色是每戶都備有電梯，即使是家中有長輩，住在東森山莊這三、四層樓的別墅裡，也不會有上下樓梯、體力不堪負荷的困擾。該區域裡，同類型的別墅還有離市區較遠，生活機能較不方便的困擾。

唯獨東森山莊設有度假中心，可以運動、提供住戶餐飲，甚至還能協助住戶們宴客，訂餐價格也只有台北市區的四分之一，因此，我決定主打賣掉台北舊公寓，可以換來五星級管理的別墅的訴求。

結果，一檔下來，購物台接了約二千通電話，短短二個月，配合現場房仲接待與廖峻的廣告代言，成交了逾七億元的房地產。

▼台上表演十五分鐘，台下勤練半年武功

別以為我的靈感是隨手可得，每一個新商品的促銷，我至少要花三個月去構思，時間長一點，有些甚至要半年以上才行。至於第一步，我通常是突顯廠商背景，若有需要深入了解的部分，我通常會搭配動畫與VCR，甚至安排專家與藝人前往現場作解說，再搭配一些容易記住的口號，例如乳牙幹細胞就訴求「滿足你沒預留臍帶血的遺憾」等等，時間久了，除了大家耳熟能詳的商品以外，廠商有時還會主動上門，介紹一些自己目前新研發的項目給我參考。例如耐斯集團有意進軍沐浴乳市場，在找我諮詢後，我認為沐浴乳已是紅海市場，價格拚到見骨，倒不如推出添加鈣離子的保養品，反而容易塑造產品特色，打入高價市場。廠商從善如流，甚至原本打算找一線女星打廣告，但也在經過我銷售後創造不錯的口碑，省下這筆代言費。

除了等待廠商上門，有時憑著我自己觀察周邊市場變化的敏感度，也能挖到寶。記得當初開始銷售鈦鍺手鍊，就是因為看到它在日本走紅，一條動輒五千、八千甚至上萬元，記得業者引進台灣時的價位更是以一萬二千元起跳，當時許多企業小開們，各個都

是人手一條……。看到這裡，我靈機一動，心想，既然台灣有那麼多人都在長時間工作，缺乏到戶外接觸負離子的機會，加上消費者又這麼相信鈦鍺手鍊的功效，那我何不就地找供應商來承作，以每條三千元的價格切入市場，加上提出材質證明，再搭配別出心裁的設計，市場反應肯定熱烈，而事實上，結果確實如我所預期。後來，我更乘勝追擊，頻頻邀請藝人上節目代言，這條手鍊甚至成為他們隨身必戴的配件，結果，打著自有品牌QT PLUS的健康手鍊，截至目前銷售超過二十萬條，創造了至少六億的業績。

此外，我更將健康手鍊與精品名牌結合，包括NBA、哆啦A夢、芭比娃娃……，配合母親節、父親節、情人節等諸多檔期，有時一周可以推出三～四款的手鍊，而且都有獨特的主題，我甚至找了日本的設計師，以黑部立山的旅遊為主題，創造出獨一無二「雁行千里」手鍊，構思出勇者無懼的主題，增加消費者的購買慾。

我當時習慣在上節目前搜集最近與手鍊相關的資訊，我發現許多知名企業家，如嚴凱泰、辜仲諒、郭台銘，甚至連王建民都曾配戴鈦鍺手鍊，在不觸犯肖像權的情況下，我有技巧地讓觀眾朋友們獲得這樣的訊息。更重要的是，針對不同族群，我們會創造不同的話術，例如告訴女性客戶，連企業大老闆都愛用，這還是買來送給男友的最佳禮物。而在母親節檔期，則針對兒女們，提醒大家媽媽終日操勞，若戴上鈦鍺手鍊，整個人會變得更輕鬆，易於趕走疲勞。

▼針對主力設計話術，誘導客戶及早下單

我當時甚至創造了「當你送吃的給客戶，他遲早會吃完，如果你送喝的，他遲早也會喝完，惟有送鈦鍺手鍊，是送給他一輩子的健康」的訴求，結果吸引了大批業務員前來訂購，用以做為贈送客戶的小禮物，進而產生第二春效應，又再次銷售了二十萬條。

之後連帶推出NBA手鍊時，我則是改為鎖定媽媽族群，我特別舉自己小時候做為例子，告訴消費者，我當時最盼望的就是媽媽由國外帶回來NIKE鞋子。現在，我買了NBA手鍊送兒子，這份禮物不僅可以讓我放心讓兒子講手機、打電腦，更可照顧他的健康，避免電磁波傷害。此外，手鍊外型極具設計感，兒子配戴著會讓他成為朋友同學們注目的焦點，心情好，唸書更認真，這個禮物保證物超所值。

此時，再由小潘潘現身說法，提到以前送男友NBA用品都頗受好評，但是都要自

己出國或託遠在紐約的姊姊買回來，而且價格不斐，隨便一件T恤可能都要二千元起跳，包包更要三千多塊錢。現在，改送男友NBA手鍊，收到的回禮竟然是LV包包，由此可見在男人心目中，NBA的地位絕不亞於LV與香奈兒，成功挑起女性消費者購買NBA手鍊的念頭。

春節期間，我則會提醒太太們，全家出遊老公長途開車，難免會手痠、肌肉緊繃，這時若能配戴著具有保健效果的鈦鍺手鍊，肯定是最能表現愛意的方式。後來我還在夜市的蚵仔煎攤位前，發現一天要煎上數百盤蚵仔煎的老闆，也戴著我們的鈦鍺手鍊來解決自己手痠的困擾。就這樣，在多重話術的行銷下，三年內，我一共賣掉了四十萬條鈦鍺手鍊。

品牌商品的第一款，通常是最好賣也是量最大的，這時最重要的是，突顯你有別人沒有的特色。手鍊第一個結合的品牌是芭比娃娃，我拜訪了設計師林國基，他搜集了大量的芭比商品，有些甚至漲了三、五十倍。藉由這樣的例子來告訴消費者，像芭比手鍊這樣的設計商品，由於是限量版，未來可能也跟芭比娃娃一樣會有增值的效果。就算當禮物送人，你送出去的不只是健康，而且是健康加上限量版的設計品牌。

簡而言之，在購物台的十五分鐘，一開始要把價格跟規格講清楚，接著要選定二～三個主軸來做為攻打主要族群的策略。針對主要族群所設計獨特的話術，例如為何要媽媽買？為何要爸爸買？為何買美白？……等等。此外，只有話術，說服力還不夠，我還會在節目中加上名人見證，最後再繞回主力訴求，讓消費者了解，這麼優惠的價格只有此時此刻才有，此時不來電訂購，你就錯失良機了。誠如汽車業代會告訴你，優惠只到月底；房仲會跟你說，當下不簽約，明天每坪會調漲五千元的道理一樣，都是催促消費者早做決定的手法。

Twelve

突破人性的猶豫——
搶下訂單的關鍵一分鐘

人性是銷售過程中的重要關卡，只要你能一一突破，成功絕對非難事！

此外，記得要說實話，吹噓或誇大其辭只會引來反效果，讓你永遠沒有下一次的機會……

* * *

每當第一波的訂購效應出現後，我會在第二段節目上利用剩下的時間，把先前的重點再強化一遍，然後找出次要族群，以十天滿意鑑賞期來吸引還沒下定決心的客戶，拿起電話先把商品帶回家試用再說。因為從電視上，既摸不到商品也無法試用看看，所以若以足夠的價格誘因仍然無法讓消費者買單，那麼不妨再加碼打動人心的解說，保證能讓消費者馬上訂購。

通常在節目結束前的十分鐘，就是我所謂的最後衝刺階段，大家可別小看這短短十分鐘，有時可會佔了整檔業績的百分之四十。因為這時，商品特色與見證說明大概都已告一段落，我會改變策略提醒消費者，目前原料缺貨加上訂單吃緊，下一檔不知要等到何時。之前，我曾用過這種手法來銷售西屋電視，記得當時主持人問我：「嚴總，真的可以看了不滿意十天退貨嗎？」我聽罷則豪爽地回答：「這本來就是會員權利，而且西屋公司承諾，只要不滿意就到府把電視搬回家，連樓層費、搬運費、安裝費等支出通通一毛都不收。你看過在其他通路，可能一通電話就退貨的嗎？」結果，我話一說完，訂單電話馬上又滿線……。

▼整體訴求務求一致，避免前後矛盾攪局

客戶在即將要成交時的心情，往往是最猶豫的。這時的銷售技巧在於，不該再講得天花亂墜，因為熬到這個時候，消費者對於產品已經很了解了，擔心的無非就是怕買貴了，或是買了卻不合用，這就是電視購物的優勢。不論事後發現買貴或不符需求，都能

在十天鑑賞期內要求退貨，成功突破消費者的心結。以我觀察其他行業銷售高手的經驗發現，你說的話若是前後矛盾，顧客通常也會發現並提高警覺，因此，建議大家整體訴求務必要一致。撐到最後再打出前所未有的優惠價，往往就能成功拿下訂單。

我曾在節目上銷售「萌髮566」與「愛之味山苦瓜」時，向消費者保證「今天連耐斯與愛之味集團的員工向公司購買，都不可能享有這樣價格，現在訂下來，你再到各通路去比價，不怕會買貴，只怕你買了不合用……」我之所以敢這麼說的原因是，有七成的消費者在意的不外乎價格與實用性這兩大問題，只要讓他們安心，產品自然會熱賣。我敢要消費者先下訂，不滿意包退，原因就是購物台曾做過調查，我的售後滿意度高達九成五，既然如此，我當然要善用這個優勢。

在購物台現場，我看不到觀眾反應，但主持人跟製作人卻可透過來電狀況了解賣況。例如講到買NBA鈦鍺手鍊送兒子，讓他成為同學們注目對象，心情好唸書更認真……，副控室一經發現來電數字攀升，就會立刻通知主持人，之後的談話就會一直強調這個點。在最後衝刺時也不例外，雖然主打價格與不滿意保證退貨，但也別忘了有些客戶是剛剛轉台進來觀看的，所以還是得把之前十五分鐘的介紹，再次濃縮成五分鐘精華版，快速地重新介紹一次，爭取這些新加入的觀眾認同。

有些話術完全是憑著個人經驗累積，購物台規定延遲交貨要罰款，但觀眾偏偏又認為，就是賣太好才會延遲交貨。記得有一次我就在最後五分鐘，秀出被罰款十萬元的證明，告訴大家只剩五分鐘，我也不想賣太多，以免又吃罰單，結果沒想到，我愈講訂單愈多。

▼添加資訊與時事，為話術增加信任感

以台灣資訊發達的程度來看，絕對要避免在節目上講出欺騙客戶的話，反而要忠實地分析產品優缺點，千萬別一昧吹噓，讓客戶心生不信任感。如果客戶對你有質疑，那麼就算產品再好，他可能也會一再觀望，遲遲不下單。所以，我經常告誡購物專家跟員工們，現場講的話因為全程錄影，所以都會留下證據，因此務必貼近事實、合理地放大商品資訊，萬萬不能誇大與欺騙消費者。

此外，讓銷售話術與新聞時事結合，也是我用來打動客戶的妙招。我是在購物台將

產品與新聞時事結合在一起銷售的第一人。記得當時販售美白商品與美齒貼，我會刻意提醒觀眾，目前有新聞報導指出，市售的美白商品其實有很多都不合法，但我們販售的商品除了保證有效果，還有衛福部認可的證明，訂購後即可馬上體驗，完全不用擔心。

至於美齒貼則是強調韓國原裝進口，而且有衛福部許可用於美白牙齒的文件，顧客一聽，買回試用的比例便非常高。記得我販售漱口水時，除了出示相關證明，還會直接在節目上喝給消費者看，證明這個漱口水對人體完全無害，此舉也獲得很高的迴響。

總之，人性是銷售過程中的重要關卡，只要你能一一突破這些關鍵點，下單絕對非難事！當然，重要的是你得說實話，吹噓或誇大其辭的作法只會引來反效果，讓你永遠沒有下一次的機會……。

Thirteen

宮本武藏的決勝理論——

十五戰、八勝七和一敗的領先……

只要掌握十五分鐘說話的絕竅，你可以變成自己的製作人或是購物專家；在短短的時間內，就將自己行銷出去，在職場上取得最大競爭優勝。

＊＊＊

我雖然已在購物台闖出名號，卻依然堅持「嚴打庫存」的原則，連員工都深受影響。派到上海的資深員工小巫就曾經回報，進貨六萬瓶美白霜，最後的庫存可以控制在超低的二百瓶以內，這樣的結果，相信其他購物台的同業們肯定都難以置信。

分析這個邏輯是，假設三千元的貨品要備貨三千組，成本以一千元計，就要準備三百萬，利潤約百分之十五，毛利約一百三十五萬元，若再扣除員工薪水、藝人見證與其他雜支，費用至少五十萬跑不掉，如果全部賣光，大約可以產生約一百萬獲利。但是，銷售達成率若只有五成，獲利還可能跌到六十萬，扣掉開銷，可能只賺不到三十萬元。這樣的帳面數字似乎還過得去，但可別忘了你手上還有一百五十萬的庫存。有些購物台廠商之所以愈做資金愈短缺，無非就是全卡在存貨上。我還曾經見過不懂得清庫存的廠商，手上竟然有高達二、三億的庫存。

我清庫存的方法是，如果第一筆三千組的訂單可以順利完銷，那麼就再追加三千組。畢竟拜先前藝人見證成功造勢的策略之賜，行銷成本就不用再花上五十萬這麼多，可能只要三十萬就可以獲利。記得宮本武藏有個決勝理論，相當適用於商場——「十五戰至少得八勝七和一敗」，我現在可以同時操作五、六十款商品，最慘的結局是不賺，但絕不能賠錢，萬不得已時，就算只賺一百元也要把商品出清，絕不留存貨。

這樣的產品，一年至多只有五、六檔。但是碰到大紅的產品，例如金箔洗面乳，或許利潤不出色，一組商品的毛利可能只有二百元，但每個月都能帶來數十萬甚至上百萬的獲利。

▼全世界最殘酷的行銷市場

在十多年耕耘之後，「嚴總」成了購物台耳熟能詳的品牌，許多企業找我諮詢，請教如何開拓電視購物通路，我當然也傾囊相授，但可惜的是，他們找來的廠代，上節目後卻怎麼講都不夠流暢，完全無法吸引消費者訂購。我後來發現，許多人在台下或許口才很流利，但是購物台節目是現場播出，中途既不能喊卡也無法重來；你或許想講十件事，但主持人根本不給你這麼多時間，通常十～十二分鐘最多十五分鐘，你就要把商品特性全部說清楚講明白，還得引起顧客興趣，把目光繼續停在電視螢幕上，不會轉台看新聞或其它綜藝節目，換句話說，這等於是你所講的每句話，都要極具吸引力才行。有時，為了要說明一個原理，我們還會準備動畫，將原本要六十分鐘才能講完的題材濃縮成三分鐘內，一鏡到底。然後再配合主持人的引導，甚至播放VCR，將商品介紹得更加精準。

購物台可說是全世界最殘酷的行銷市場，如果這檔四十分鐘的節目你失敗了，那麼可能就要再等三個月才有機會出現。許多知名品牌就算商品很棒，但是因為搞不清楚購物台的作業程序，也抓不到節目的節奏感，更說不清楚什麼是該講的重點。結果找了自認口才甚佳的業務，上了節目卻無法與購物專家配合，只能被動回答「是」、「對」，業績當然很慘淡。

我很有把握地說，如果你能在電視購物台上這短短十五分鐘，把話說好、說清楚、說到重點上並打動觀眾，那麼我相信大概沒有什麼東西是你賣不掉了的。如果能將這十五分鐘的基本功打好，你自然能夠由短而長，二十五分鐘乃至五十分鐘的簡報、會議、演講等等都難不倒你的，而你甚至可以精確地掌握重點，自行濃縮時間。

▼與知名大廠合作，成效卓著

記得廠商愛之味便曾摸索了蠻長一段時間，吃了不少苦頭，之後決定回頭找我合作，而重新合作的第一檔產品是骨錠。我當時的訴求重點是舉自己作為例子，標榜自己熱愛運動卻難免會受傷，再請媽媽上節目，提醒六、七十歲的銀髮族更需要補充鈣質，此外還邀請了藝人張克帆做名人見證。

為了證明服用後的效果，現場氣氛很熱鬧，媽媽輕鬆起立、蹲下，至於我跟張克帆則是表演交互蹲跳，果然造成搶購潮。

待建立信心之後，愛之味順勢推出旗下各項明星產品，並將來自沖繩的山苦瓜健康錠交給我促銷。愛之味本身已有含山苦瓜成份的分解茶在市面通路推出了，品牌本身就有不少電視廣告可運用。在我深入研究後發現，其中所含的亞麻油酸與苦瓜分解素，不但可以消除油膩，還可打擊脂肪，換句話說，山苦瓜健康錠不但可以去油，還可健美身材。不過這款商品也不是毫無缺點可言，其最大的難關便卡在成本遠高於競爭對手，這個先天劣勢讓它很難與市場其它商品作價格競爭。於是乎我再次親身試吃，並趁機賣一個關子——因為進入購物台之後，壓力大吃得多，晚上又要應酬，整個人胖了一大圈；而趁此機會我試吃山苦瓜健康錠，結果很令人驚喜，我居然瘦了七公斤。

經此一役，我開始物色適合為山苦瓜健康錠代言的人選，左思右想後相中了藝人馬國賢。在沒吃山苦瓜健康錠之前，他苦於身材發福，只能扮演中年男子，無法回到以往紅孩兒時代青春活潑的小生身材。想讓身材變苗條的人很多，但一般的減肥產品，往往會在服用後出現恍神、心悸等副作用；山苦瓜健康錠是一種天然食品，服用後不僅排便順暢，更有在吃完麻辣鍋後，迅速排油、免除腸胃絞痛的困擾，於是，我們決定將該項商品定調為「既健康又苗條」。此外，我在查閱相關健康文獻後發現，苦瓜具有美膚、降血糖的效果，長期食用還有機會讓肚子上那一圈游泳圈消失不見，這些資訊後來也都讓我一一放在節目中大說特說，結果，直到現在兩年時間過去，銷售已近五十萬瓶，也算是購物台保健食品項目中，極為難得的銷售紀錄。

當然，愛之味分解茶的廣告對我也有相輔相乘的效果，分解茶原本只有三億多的市場，電視廣告頂多三、四分鐘，詳細程度遠不及我現場四十分鐘的解說，但山苦瓜錠一組賣三千多塊錢，遠也比分解茶每瓶三十五元高出一大截。只是萬萬沒想到，山苦瓜健康錠熱賣後，分解茶居然順勢衝破四億元的業績，可說是大獲全勝；截至目前，此商品還是年年熱賣。

後來，我再度找上小潘潘擔任代言人，主打女性市場，希望透過山苦瓜健康錠的調整，讓她略顯嬰兒肥、肉感的身材變得更結實。這個策略後來獲得極大的迴響，成功打下女性市場，也讓我與愛之味的合作，奠定了更為良好的基礎。

▼名人實證，代言效果更加倍

建立信心之後，愛之味再次把第二檔明星產品「萌髮566」交給我銷售。這款產品每年有上千萬元的廣告預算，在一般通路每瓶售價約四百元。我評估後決定在購物台改打大容量包裝，換算下來約市價的六折左右，並且提供滿意鑑賞期，不論洗髮、潤髮或養髮液，都各給一瓶做體驗，換算下來就已有六、七百元的價值；加上擁有國家認證，具備減少落髮與預防掉髮的效果，整個檔期的結果看下來，行銷策略確實很成功。因為就算你在藥妝店也能買到，但是許多男性消費者卻沒有時間去購買，反觀在電視購物台上看到詳細解說，簡單一通電話就可送貨到府，此舉果然又成功開闢另一個新市場，甚至至今仍舊持續熱賣中。

對於這些已具有知名度的商品，我的策略向來是盡量做到客製化與差異化，套裝組合、容量乃至於價格等，強調都與已在市面上銷售的商品有所不同，避免消費者產生混淆。但歸咎主要誘因仍是在購物台下單多半有折扣，還可免費體驗。購物台講究眼見為憑，因此常出示原廠資料、政府檢驗報告來取信消費者，甚至要像電氣美白面膜那般，標榜在現場試用後馬上就見效。

我甚至為了行銷「萌髮566」，找來了汪建民、小潘潘、寇乃馨、馬國賢等多位藝人親自試用，強調他們過去都曾有過掉髮的困擾，甚至特別拍照存證，發現在使用一個月後，毛髮確實變得比較茂密。自然地，這又是一次成功銷售的經驗！

▼話術就是證明題，上台前備妥攻勢

講到這裡，我必須說明，上述的名人實證，樁樁件件都得靠事前一個月的前置規畫，才能在節目開始的十二分鐘，將消費者心中的疑慮通通化解掉。至於在接下來的十二分鐘，則是努力說服消費者馬上訂購，最後階段再強力訴求，要消費者務必珍惜本檔節目的優惠。

同樣的原理也可運用在各個行業中，不論你是擔任何種商品的業務，即使價格再便宜，但顧客也不一定就要買單，唯有強化產品優勢，才能擄獲客戶芳心。此外，你還可以運用各種工具來強化顧客的信心，例如現在智慧型手機這麼普及，汽車業代可以請自己曾經服務過，對你特別滿意的某位客戶來為你做見證，拍成影片並存在手機中，適時地播放給前來看車的民眾看，這個效果絕對遠比你一個人自彈自唱來得更有説服力。至於保險業務員也可以拍下自己領獎的VCR，搭配客戶的推薦，濃縮成三分鐘的影片，也是一個很好的宣傳手法，肯定能幫你的專業印象大大加分。

時下影音與3C產品技術發達，如果別人都已進化到運用電子科技來幫自己做宣傳，而你仍然固守平面，那麼勢必只會屈居劣勢。更何況顧客給你的時間可能非常有限，如果能將五十分鐘的內容濃縮在一段只需三、五分鐘便播完的小影片裡，搭配自己整理過的表格與數字來做輔助説明，將可在緊湊且有限的時間內，把原本需要一小時的內容，清楚表達完畢。

換句話説，只要掌握十五分鐘説話的絕竅，你可以變成自己的製作人或是購物專家，在短短的時間內，就將自己行銷出去，在職場上取得最大競爭優勝。

Furteen

化繁為簡——
把複雜的問題極簡化

絕不因工作量變多而急就章，強調自己是以專業換取合理費用，結果自然經得起考驗。

突破消費者心防，強調需求才是重點；表達自己的與眾不同，是銷售專家的首要任務。

＊＊＊

在取得知名企業的信任後，隨之而來的是源源不絕的產品開發案，這時要切記的是，絕不能濫選商品。一檔商品的研究與企畫往往要耗時半年以上，我總是提醒自己，絕對不能因為商品變多了就急就章，那麼一來只會讓失敗率激增。我會很坦白地告訴企業，公司賺的是合理的行銷服務費，憑藉的是行銷專業，因為是以專業換取合理費用，自然經得起考驗。

當我們選中一檔商品，首要的重點工作項目就是把網路與所有平面通路，可以查到的價格與規格摸得一清二楚，包括購物台本身也有查價小組，會進行敵情收集。原因很簡單，如果你不能證明自己的價格是最優惠的，甚至比競爭對手高出一大截還不自知，那麼結果就是在購物台講了半天，消費者聽了很心動，卻是選擇到其他通路去購買，所有人白忙一場，完全是在幫別人打廣告。

台灣購物台的節目製作方式，到了對岸一樣極受歡迎，畢竟歷經了十年的考驗，我們很清楚要如何透過資料、畫面、動畫乃至於VCR，在五至十二分鐘內幫該項商品呈現出最佳的說服力，等於是將情報整合的戰力發揮到極致；現在則延伸到中國大陸的網路電商（網紅經濟），像知名的大陸網紅「張大弈」，四個小時可銷售二千萬人民幣。

中國大陸資訊取得管道較封閉，要了解國外訊息，往往是透過網路，電視並非全面開放，出國旅遊機會也有限。若以兩岸共同市場的概念來看，台灣上班族到中國大陸發展，若能善用情報整合的功夫，適時地包裝、行銷自我，這在我看來依然是深具競爭優勢的。

▼突破心防，消費者需求才是重點

除了愛之味外，「魔力影音棒」也是值得一提的銷售商品之一。原本廠商打算自銷，甚至找了SHE代言，但是因為業績始終不突出，所以在委託我接手之前，公司內部早已著手研究商品賣點多時。

商品強調只要將它插入USB插槽，就可以連接該公司設在全球的伺服器，內部已整合了五千個電視、一萬個音樂與二萬個遊戲台，絕對比自己上網搜尋要快好幾倍……。研究一段時間後，我們特別為「魔力影音棒」創造了幾個話術，告訴消費者為何要買影音棒？我們主打的訴求是「一插上影音棒，電腦功能突飛猛進，宛如超級電腦，就好比一般的陽春手機，突然變身成為智慧型手機。」

第二步是突破消費者的盲點，原本讓人擔心的月租費或下載費，在這裡全都不是問題。當初銷售時，廠商沒有講清楚，導致許多消費者心裡的疑慮都未能及時釐清。為此我們特別針對所有問題，製成圖卡一一解說，強調使用後免安裝費、免月租費，就連下載都免費，而且終身免年費。消費者一聽就很清楚，只需花一千多塊錢就可永久使用，購買意願自然大幅增加。

當消費者產生購買意願後，我進一步舉例，暑假到了，因應小朋友必需較長時間待在家裡，父母親因此買部遊戲機要一萬多元，學英文要四千多元，就連買些影音教材也是六、七千塊錢跑不掉，一年下來就是數萬元的花費……。接著馬上秀出試算圖卡來做凸顯，強調買了影音棒，一年可能省下五、六萬元。

此外，還以國際觀做為訴求，強調網路雖然很普遍，但若未經整理，仍舊無法有效運用。「魔力影音棒」將所有實用的網路全部納入，是強化孩子國際觀的利器。接著再描述自己小時候，媽媽花了十幾萬為我購置百科全書，但其實自己幾乎根本沒翻閱過，反觀現在有了影音棒連接全球網路，甚至備有電子書的功能，遠比百科全書更實用，孩子學習會更有效。最後提醒消費者，這麼實用的工具，如果別人有而你沒有，豈不是讓孩子打從一開始就輸在起跑點上?!之後，廠商配合行銷，邀請代言人SHE與主持人黃子佼，在世貿展覽時順勢帶動搶購熱潮，一檔即賣出三千多組，熱銷現況也被拍成影片，讓我在節目中播出佐證，成功突破仍在猶豫是否要消費的客戶心防，成功創造亮眼的銷售數字。

▼與眾不同，銷售專家的首要任務

消費者通常都有某種自我保護意識，總會假設廠商賣商品就是為了賺錢；此時如果能發揮主客易位的功力，告訴消費者自己並非要賺你錢，相反的還要幫你省錢，再輔以強力且具體的佐證，例如數字或圖表，成交機率勢必大增。例如保險業務員通常會以防範未然，避開風險做為訴求，大力推銷自家保單，但反觀有些高手就不會這樣做，他們懂得提出理財節稅的觀點，畢竟對我而言，後者更實用，說服力更大。所以，要成為各行業的銷售專家，首要任務是與眾不同，別人只是賣商品，你卻能吸引消費者主動來了解商品，再發揮主客易位的口才，說服顧客相信，你是與他站在同一陣線，訂單自然接不完。

當你找到別人忽略的賣點時，記得一定得好好把握，一位好的領導者必須迅速洞察產品特性，這是我在電視購物多年累積而來的體認。當年聲寶集團接手西屋品牌後，由我負責平面電視在電視購物台的銷售，我在研究商品賣點時便發現，日系同尺寸電視比西屋貴了至少百分之五十以上，台系品牌雖有價格優勢，但最多只比西屋便宜百分之五。故而我認為，訂價策略是關鍵，接著開始導入資源整合，先由西屋舉辦品牌代理的記者發表會，邀請美國在台協會、原廠代表與各大通路總經理出席，甚至找來了喜見達冰淇淋助陣，營造現場的美式風情。

而當天記者會的現場錄影，在經過剪接之後，頻頻在購物台播出，強化西屋是美國強勢品牌的印象，接著又請藝人推薦，以小潘潘當時的住所，三層樓的公寓做為實例，展現售後服務的貼心，把整部電視裝機過程拍下來，穿著制服的技師每一步驟都不馬虎，而且免樓層費、安裝費、回收費，還將保固由一年延長到三年，而且採用奇美特A級面板，配合美國最新節能技術，相關比較全部圖表化，讓消費者一目了然。

我最後甚至舉太空人阿姆斯壯登陸月球為例，表示他當時使用的就是西屋錄影機，證明這個百年品牌絕對經得起考驗。結果不出所料，短短二周之內，就賣出將近一千部電視。

Fifteen

奉行「打高賣低」——需求先行，價格隨之

自動上門消費的顧客，往往都是高度迷戀某個品牌的鐵粉，因此，我習慣將自己變身為消費者，揣摩他們對品牌的需求，打造適合他們的客製化產品。

＊＊＊

行銷上有所謂「打高賣低」的策略，先建立高檔品牌形象，再以平實的價格出售，此舉通常都可引起市場上的熱烈迴響，因為在M型社會中，消費者要的是奢華感覺、平價付出與完整的售後服務。

大聯盟手機也是我曾經創造的熱賣商品，對方原本也是自己上購物台，後來則是因為認同我們的銷售能力，於是乾脆全部交給我們來代銷。手機利潤其實很微薄，但卻符合我喜歡大聯盟球賽的興趣，加上老

闆很執著，成功取得大聯盟授權，這無異是等於間接肯定了王建民、郭泓志等旅美選手的成就，讓我很想助他一臂之力。

目前0元手機乃至於智慧型手機當道，如果不能進行差異化行銷，即使有王建民、郭泓志當號召，大聯盟手機一樣會面臨苦戰。想通之後，我的第一步策略就是確定每款手機都做限量版，哪怕賣得再好也不追加數量。第二步則是強化售後服務，打著大聯盟的品牌，萬一手機發生故障，總不能送回美國維修。而為了提供最便捷的服務，我們與震旦通訊聯手，手機一旦故障，只要送回門市就有專人處理。最後第三步是提高手機附加價值，例如贈送王建民的簽名球、季後賽的限量包、大聯盟的鑰匙環與皮套等，甚至還加送洋基、老虎、道奇等球隊的背蓋，讓球迷有「幫手機換衣服」的快感。

▼利用時事販售商品，事半功倍

此外，我們還抓出重大主題，趁熱推出紐約洋基隊奪得世界冠軍的紀念版、郭泓志終結者紀念版等，再輔以訂價策略，將價位設定在白牌手機與品牌手機之間，吸引原本只打算買白牌手機的族群，畢竟現在只要以多出二～三成的價格，就可以一圓大聯盟美夢，甚至還有許多超值的贈品可以拿。結果，洋基隊世界冠軍限量版，一檔就成交五百支，創下購物台的紀錄，總計創造了約七千萬的業績。

我從未賣過手機，故而解說功能就改派購物專家負責，倒是對大聯盟的價值感與嚮往，我就很在行，舉例來說，大聯盟球衣一件動輒二、三千元，球也要一、二千元。我甚至收集許多新聞，告訴觀眾大聯盟球員卡不斷增值的現況，王建民簽名球更是大家爭相收藏的珍品，現在只要是跟大聯盟沾上邊的商品，幾乎都會增值。奉勸大家與其買白牌手機，倒不如挑選大聯盟手機，享受高人一等的尊榮感，未來如果保存得好，還有增值獲利的空間。

然而，說起銷售期間最大的意外是王建民受傷，新聞曝光後，王建民支持度大減。消費者購買誘因隨之降低，我們也緊急將售價由一萬一千八百元，調降到五九八〇元，訴求大聯盟勝投王勢必會東山再起，現在買正是谷底價，以後可不會這麼便宜了。

大聯盟手機的銷售經驗，可以供業務人員借鏡，一款產品可能有多項優點，要懂得掌握自己最擅長的領域來說服客戶，未能深入了解的部分，點到為止即可，千萬別亂掰，以免造成負面印象，若可行的話，不妨改以圖表或文字說明取代。此外，要懂得將產品差異化，突顯對手所沒有的優點。最後，如果發現情勢逆轉，商品處於弱勢，那麼就要斷然調整價格，以免庫存變大；反之如果熱賣，也可適時考慮調高售價，藉以增加獲利。

▼揣摩客戶需求，打造客製化商品

經營授權商品時，我發現上門消費的顧客往往都高度迷戀該品牌，甚至可能成為生活不可缺的要素，因此，有時要讓自己變身為顧客，揣摩他們對品牌的需求，才能推出適合的產品。例如NBA的消費客群，可能是從小就喜歡籃球，長大後不但熱愛看電視轉播，還會買進球鞋、襪子等相關商品。因此，我靈機一動，取得NBA麻將授權，加上當時NBA正好有球員碰巧來台北出賽，於是我們搶搭順風車，推出台北賽紀念麻將組。並且為了塑造典藏的質感，連牌桌上的軟墊都設計得跟球場一樣，骰子設計像籃球，每張牌後面都有NBA的LOGO，麻將鐵盒仿造〇〇七手提箱外型。事後證明，我的策略完全正確，每組四千元，四千組銷售一空；我們也堅持限量，雖然一堆人向隅，還是堅持不加量。

麻將組熱賣後，我們還趁機推出NBA健康手環。為了提升購買慾，還跟NBA溝通，除了NBA的LOGO，更獲准在手環上刻出過去二十年得到冠軍次數最多的球隊隊名、近六年的MVP球員、觀眾最喜歡的球員……等等，再次提升了產品的附加價值。

房仲或汽車業代，也可以參考上述模式來強化商品附加價值。或許你販售的車子，引擎不是強項，但內部空間與舒適性卻超越對手，故而面對顧客時，就該盡量突顯這些優點。

再說到，你販售的房子可能屋齡較高，但訴求生活機能便利，距離孩子念書的學校近……，同樣都可能吸引到買主上門。

授權商品固然可能大賣，卻也要懂得見好就收。我見過同業經營授權商品，賣得好就瘋狂無限追單，違背了限量發行的承諾，何況這些商品往往只有特定的消費族群，無限量地推出，只會造成市場泛濫，原本應該嚐到的甜頭，直到最後反而都被嚴重套牢。

同樣的授權模式，我們還運用在哆啦A夢、迪士尼等品牌上，未來還打算推出獨一無二的迪士尼麻將。麻將在法律認定是博弈工具，但在華人社會中，它卻是標準的休閒工具，消費者會期盼擁有他人沒有的商品，一旦推出勢必熱賣。

Sixteen

「眼見為憑」的威力——
讓信任感助你一臂之力

時下消費者資訊愈發充足，商品本質與銷售方式都將面臨嚴格考驗，善用十五分鐘說話術來爭取顧客信任，才能在商場上無往不利。

＊＊＊

景岳生技是知名上櫃公司，它之所以由新興品牌變為熱銷商品，關鍵在於口腔保健商品「保亦康」的熱賣。這項商品的主要賣點除了是由上櫃公司生產以外，還有衛福部健字號許可，連長庚與中山大學合作的醫學實驗都證實了，定期使用「保亦康」可以減少牙菌斑。只是，雖有醫學理論的支持，但我還是想反其道而行，構思一套截然不同的論述，顛覆大眾認為吃糖會蛀牙的刻板印象，主張「吃糖讓你牙齒更健康」的訴求，應該會更好。

為了試驗產品功效，我拿給女兒吃，她們覺得入口後涼涼的，很像常吃的大PINKY糖果。其實，糖果市場上占有率最高的商品就是口香糖，但有的女性誤以為咀嚼過久會影響臉部線條，對它是既愛又怕。

經過詳細的市調後，我們決定將目標族群鎖定在年輕女性與小朋友身上。在節目中告訴媽媽們，小朋友吃了之後不但會減少蛀牙，乳牙發育也會更健康，同時更可補充乳酸菌，促進腸道健康。其實，市面上乳酸菌產品琳瑯滿目，有健字號背書者亦不在少數，但同時具備潔牙功能的，卻僅有「保亦康」這個商品。而在經過試驗後，我們提出的這個訴求果然一擊中的，連存在咀嚼會養出「國字臉」迷思的女生，都成為忠實顧客。

▼憑藉專業加分，銷售乘勝追擊

我們乘勝追擊，特別引用了「一〇四人力銀行」的調查報告，強調新人面試時若出現口臭、牙齒黃黃的情況，落榜機率會升高，藉此提醒重視形象的上班族與急著找工作面試的新鮮人，也都願意買來試試看……。其實說起購物台的保健產品，減肥塑身才是主流，為了加深顧客購買的急迫感，我們特別找了一些相關的醫學報導，國人因為口腔化膿感染致死者，大有人在，藉此證明口腔衛生攸關健康；小朋友乳牙發育不佳，還可能影響未來的智力發展。此外更在節目最後提醒大家，國人逾九成都有輕重不一的牙周病現象，禍首正是牙菌斑。結果，我們成功地將原本只是針對小族群、特定對象銷售的商品，擴展成為老少咸宜、居家必備的保養品，每盒售價二百元，截至目前已銷售逾十萬盒。

有了「保亦康」的成功經驗，我們開始嘗試在各類不同的商品中加入益生菌，除了原本的功效外，還能常保腸道健康，提升附加價值，增添銷售賣點。促銷保健類產品時，我們特別注重政府核可認證，確保消費者吃下肚的產品，因為關係人身安全，所以一定要讓大家百分之百安心。不論是原料來源、衛福部許可乃至於醫院的檢驗報告……，都要一應俱全。

後來，我們開始銷售LG美齒貼，雖然是韓國知名大廠生產，剛上市時，銷售狀況卻相當受限。針對這個狀況，我特別做了市場調查，發現台灣做冷光雷射，價格約為一萬五至二萬元不等，如果是瓷牙，一顆價格二萬元，全部牙齒都換，可能高達數十萬，一般消費者根本無力負擔。

平常看牙醫都要預約，可是大家平常都有工作，往往一拖再拖；於是我把美齒貼塑造成DIY的居家美白，它在國外非常流行，取得衛福部美白的認證後，找了藝人寇乃馨與馬國賢上節目親身做見證，發現只要貼了三十分鐘，齒色就有明顯差異。但我依舊不滿意，為了讓觀眾感受更強烈，特別讓兩人在節目上，只貼上排不貼下排，撕下後果然色澤差異很明顯，訂購電話瞬間爆線。

這就是眼見為憑的威力，求職時如果要在短短十～十五分鐘證明自己的能力，與其滔滔不絕，還不如一口氣秀上八～十張證照，直接給對方看結果，可能更有效果。

▼行銷別出心裁，打破消費者慣性

再舉一個例子來證明「眼見為憑」確實有效！

「登琪兒SPA」早期是靠廣告行銷，在只有三台的時代，一個促銷案下來，往往就有一、二億的進帳。然而隨著電視頻道日漸增多，廣告預算要增加三倍，才能達到以前的效果。加上同業競爭，以前客單價八萬元，現在降到五萬元，客戶竟然還是猶豫不決，怕沒用完公司有狀況，如亞力山大、佳姿倒閉，會員權益就喪失了。

為了協助廠商脫困，我們先創造了兩個副品牌，一是「全美堂」，結合了漢方，現場有中醫師進駐，顧客上門之後，中醫師會先詢問身體狀況，依照每個人的體質，量身打造課程。如果進一步求診的需求，可以到中醫師診所進行治療，完全符合法令規定。全美堂的收費較登琪兒平價，成功區隔了市場。

在電視上促銷時，我們再次發揮了動態整理資料的專長，將原本要一個半小時的療程，濃縮成短短三分鐘，或許顧客從沒去過「登琪兒SPA」或「全美堂」，可是透過VCR，就有基本的認識，加上價格優惠，吸引不少人加入會員。

經過幾次體驗之後，許多會員都發現，自己的腰圍、腿圍都有明顯改變，變得更緊實，甚至縮小一～三吋，待口碑傳開後，市場接受度更高。我們則為了鼓勵消費者上門，還贈送購物台會員一次免費體驗，結果又是一次成功的經驗，整個檔次下來，總共增加了一萬多名會員，創造了近八千萬的業績。值得一提的是，以往鎖定女性市場，我們卻別出心裁地強調，這個課程是男女皆宜，我們甚至特別在VCR中指出，廠商針對空間隱私做了妥善規畫，許多人都是夫妻兩人一起去，這也成為顧客激增的主因。此外，我們更進一步地結合瑞士與法國技術，成立「瑞法診所」，主打歐系路線，強調臉部課程，藉此與全美堂的漢方有所區隔，成功擴展市占率。

當消費者資訊愈充足，你的商品本質與銷售方式，都會受到嚴格考驗，善用十五分鐘說話術，爭取顧客信任，才能在商場無往不利。

Seventeen

「嚴」審「嚴」選，品管6S步驟建功

鎖定商品↓議價↓洽談合作條件↓確定賣點↓商品審核↓提報與備貨，正是我事業版圖大步茁壯的主因。

貫徹「嚴」審「嚴」選的原則，讓我面對變化快速的電視購物，成績依舊亮眼！

＊＊＊

儘管雄心壯闊，但是口說無憑，我自詡也並非「喊水會結凍」的大咖。所以，想要做到「超越再超越」，憑藉的完全是公司上下「一條龍式」的組織架構與專業分工。目前，六員環旗下員工依照專業才能與志趣，我重新編制後分為十組，囊括電視購物所有的分層工作，包括節目部、企畫部、經紀人、商品部、廠代等。因為從頭到尾貫通，所以完全可以拍攝出自製電視購物節目，除了有能力自導自演，自己擔任最佳營業員之外，我也會透過關係邀請合作名人或藝人上節目站台代言，加上嚴格挑選合作廠商，自然能夠提供消費者最多選擇的優質產品。

憑藉多年來累積逾百億元銷售業績，還是要回歸績效管理，大陸員工人數則是從過去的一百三十名員工縮減至目前的精兵制二十五人，這也是因應大陸市場後的一大思維改變，把人力做最有效的發揮運用，創造出最大的利機。但台灣公司是「數位商品內容」的行銷中心，還是維持近八十名員工的編制，但也是由一百一十人的規模精簡後的結果了。

曾有電視購物的粉絲問我：「嚴總，你為何什麼東西都能賣，也太有才了吧！電視購物頻道轉來轉去，好像都能看到你在賣東西，體力也太好了；而且賣的東西都不太一樣，包山包海，你大概是電視購物台曝光度最大、業績最好的銷售員吧！」

聽到類似的讚美，我總是回應：「在電視購物頻道螢光幕前的我，看起來才華洋逸、光鮮亮麗，其實背後都要靠許多人的努力與協助，包括電視購物台上下工作人員的傾力支持，以及公司員工奉獻智慧，才能有這樣完美的演出。」、「這不僅是要懂得在購物台或網路上叫賣，手邊若無優質產品，一切都是枉然！」所以，我在為消費者開發新產品時，習慣採用的正是自己研發出來的六大步驟，標榜「嚴」審「嚴」選，藉以快速找出消費者需要及競爭力強的商品，這些步驟包括：

S1 鎖定歐、美、日、韓話題或熱銷商品進行商品企劃開發。以國際話題及熱銷商品，從中找出賣點。

S2 針對開發企劃商品，進行國際價格查價。經過國際價格比價後，找出最具競爭力的價格，並以此作為議價目標。

S3 對於OEM工廠進行大量議價及付款條件議定。運用購物台需要大量訂單的條件來執行備貨步驟，並以此進行議價，盡力取得好的價格及條件。

S4 以商品模擬通路銷售方式找出最佳商品銷售點。採用模擬通路銷售，判斷是否具有延展性，藉以達到最大效益。

S5 由業務菁英團隊進行商品審議及採購決定。兩岸團隊攜手合作，挑選具價格競爭及適合兩岸市場共同銷售的商品。

S6

審議決定商品，進行通路提報及備貨量準備。方便已決定之商品，快速通過渠道提報。

Eighteen

品牌製造機——追求價值，而非價格

利用名人光環幫自創品牌加分，結合專業強化品牌形象與消費者信任感……，這在電視購物都可說是創舉。也因為有創意，敢拚搏，加上絕對嚴謹的品管，為我贏來了「品牌製造機」的稱號。

＊＊＊

雖然媒體總是稱我為「電視購物天王」，但是對於這樣的封號，我個人覺得還有很大的進步空間，應該是由電視購物拓展到網路、電商、實體通路等全方面營銷，我可以扮演得更稱職。我想建立的購物王國，必需能夠滿足消費者的需求與期待，這樣才算是有價值。如同管理大師彼得．杜拉克（Peter Drucker）曾經說過：「企業的目的，只有一個正確而有效的定義：創造顧客。」因為只有顧客願意付錢，企業才有利可圖，因此，企業認為自己的產品是什麼，並不重要；顧客認為他購買的是什麼，他心目中的「價值」何在，這才具有決定性的影響。

因為懷抱著「消費者第一」的服務理想，所以，我心中念念不忘的抱負就是創造自有品牌，跳脫過去多是為他人作嫁的遺憾，改變自己總在幫廠商代銷產品的模式，甚至要成功定位為「品牌製造機」，提供消費者更優質的自製產品。

▼自創品牌結合時尚，行銷滿分

目前，六員環旗下的自營品牌琳瑯滿目，包括大家熟知的法國BC（Bonnie de Connie）即是一例。這是最令我引以為傲的代表作，正是由我一手開創的品牌，當初為了幫品牌命名，我還跟太太挖空心思天天想，偶然間靈光乍現，想到自己的兩個寶貝女兒，一個叫波妮Bonnie，另一個叫可妮Conie，於是決定就便把兩個女兒的英文名的字首組合起來，「法國BC波妮可妮」於是誕生……，我甚至以一個澳洲公司的名義去法國註冊。「其實，要從工廠走到行銷很容易，但行銷要做到工廠則不容易，畢竟自創品牌要結合強而有力的行銷操作，以及靠多平台與多通路的整合，才能達到推波助瀾銷售的目標。」

自創品牌「法國BC波妮可妮」上市後，首波主打商品就是「法國BC神美褲」，因為機緣巧合，經朋友介紹，偶然認識旺旺集團旗下的伊林娛樂總經理陳婉若，並且和她分享自創品牌的精神，兩人相談甚歡，一拍即合，於是就促成了自創品牌「BC」與伊林旗下模特兒的合作計畫，正所謂「紅花配綠葉相得益彰」，好產品還得靠高手的協助才能成功。

伊林模特兒經紀公司是一家全方位藝能娛樂公司，旗下擁有上百位優質模特兒及超人氣藝人，除了擁有姣好的臉蛋，高挑身材與修長美腿，無疑都是「法國BC波妮可妮」相關產品的最佳代言人。回想起第一場造勢記者會活動，推出的產品即是「BC神美褲」，當時伊林娛樂派出三鐵名模王麗雅擔任形象照代言人，另外經紀公司更派出多位名模，每個人都穿上神美褲，秀出誘人美腿，攝影記者們殺底片簡直無極限啊……。以專業的肢體演繹出產品最大超彈力、超顯瘦和超科技的特色，而產品採用百分之八高彈力纖維具高倍回彈力，貼身不緊繃，以及百分之七十環保莫代爾木漿纖維，讓質感細膩舒適，柔軟吸溼不悶熱，因此頗受名模們一致好評。也正因名模的示範，讓許多女性也跟著趨之若鶩，這四款神美褲皆為Free Size，每位女性都能穿出媲美模特兒比例的美腿。令人意想不到的是，一推出便在台灣銷售十幾萬件，甚至後來在中國大陸也成功熱賣三十幾萬件，可說是拜名模口碑所賜，銷售數字可是非常亮眼呢！

▼成功打造，功能性科技穿著趨勢

有了「神美褲」的成功銷售創舉後，我們緊接著再合作推出「BC名模美腰褲」，並且選在西門町舉辦名模快閃活動，當時只見模特兒們戴著貓耳朵，參加以性感展露曲線的性感西門町快閃秀。由藝人賴琳恩身穿無肩帶雙尖領上衣，展現深V事業線，搭上美腰褲，率領多位模特兒一起穿著名模美腰褲，化身性感小野貓，在西門町走秀，從人潮眾多的捷運西門站六號出口，跨越中華路，把西門町當成時尚伸展台，與路人、車潮擦身而過，利用五十秒紅綠燈時間，在中華路的斑馬線上展現性感風情，現場還有空拍機拍攝，氣勢懾人，成功吸引大批路人跟拍。之後，我們甚至推出美腰褲升級版「第二代美腰燃鍺褲」，除了展現完美黃金比例，更標榜能透過鍺元素來釋放負離子，具備保暖效果，一舉數得。

其實不論是「神美褲」或「美腰褲」，都可說是六員環與名模玩美的一種淋漓盡致的表現，也是我跨界時尚的代表作，成功掀起兩岸平價時尚的跟風熱潮。有了這樣的經驗，於是我接下來再度推出更引人遐想的「BC神V內衣」，活動選在忠孝東路台北神旺商旅總統套房，大膽舉辦內衣趴。並且邀請「美胸名模」王尹平與多位名模，透過四種情境秀來演繹這款女性內衣新寵兒。「神V內衣」擁有寬肩帶，並以添加膠原蛋白的彈性布料製成，包覆與支撐性一級棒；此外，內衣下圍有一定厚度，具備集中托高效果，且毫不遜於有鋼絲的機能內衣，具有運動內衣的俐落、舒適感，難怪胸部大，為了支撐胸部，肩膀常被內衣的細肩帶勒出紅痕的名模王尹平一穿上便頻頻驚呼：「神V內衣就是我的新歡」！

其實由我首創，將時裝品牌與模特兒經紀公司結合，共同聯名經營的模式，透過媒體推波助瀾，發展至今已成為兩岸時尚界最熱門的話題，截至目前仍持續延燒。二〇一六年，我更結合淘寶、伊林娛樂正式跨足直播領域，於兩岸銷售神美褲、美腰褲、神V內衣，每樣商品均可創造出逾八十萬件的驚人銷量。我可以這麼說，自從在二〇一二年成功引進此一品牌，並開始在兩岸渠道銷售以來，所謂功能科技穿著的新趨勢，已然成立。

▼強化專業，贏取消費者信任感

至於與時尚品牌結合的另一個成功經驗是，邀請台灣專業醫美醫師團隊，與主打瑞士醫美高端保養品品牌的瑞士Q.T. SKIN蔻緹合作，共同研發高等級的保養品。此一品牌的雪白霜商品，曾經創造在台灣及大陸熱銷十年，銷售二百萬瓶保養品的驚人紀錄。「蔻緹」目前則計畫延伸成為醫美品牌，即將推出的是一款有助於睫毛生長的產品，並且邀請一對醫師夫妻檔，先生為醫美達人，太太為眼科醫師，由兩位醫師協助研發監製產品，為品質把關，並且錄製視頻節目，希望能夠成功推廣至大陸電視購物節目中。

而自從成功打造「法國BC波妮可妮」這個自創品牌之外，我們開始逐步走入消費者日常家庭，與日本專家設計研發「Baco機能負離子足弓鞋」，標榜具有抗菌、止滑效果。此外，也開始生產在德國註冊的刀具組，但價格卻僅是德國知名刀具產品的六分之一，一推上市後由於品質優質、口碑很好，目前已在台灣銷售超過十萬組。

此外，公司也成功取得澳洲知名品牌「澳寶」，其中有一支商品是「袋鼠精」，非常適合男性。廠商表示，一隻公袋鼠可在繁殖期間同時與十幾隻母袋鼠交配，故而澳洲當地人對於袋鼠的印象就是很強勁，而「袋鼠精」就是利用袋鼠的睪丸素加上其他強精成分，製作而成。當初開始販售「袋鼠精」時，我們先是請來性感女神李妍瑾代言，讓她以女性的角度來分享男性威猛有力，對女性的吸引力有多大；再來則是邀請名嘴江中博夫妻加入，江宗博與妻子兩人因為年齡有一段落差，所以給人帶來一些「老夫少妻」的印象，我們希望強化這樣的觀感，並請江宗博在食用袋鼠精後，與觀眾分享夫妻倆人的一些閨房情趣與點滴……。

利用名人光環幫自創品牌加分，或是結合專業來強化品牌形象與消費者信任感，每一種做法在電視購物都可說是創舉。也因為有創意、敢拚搏，加上絕對嚴謹的品管，為我贏來了「品牌製造機」的稱號，而我也絕不辜負這個肯定，未來將持續在這個領域繼續奮鬥！

Nineteen

真金不怕火煉——

自創品牌，必須經得起仿冒品夾擊

仿冒產品雖能賺到一時的橫財，但因商品經不起考驗，所以總會被市場淘汰。

正所謂心存僥倖不可取，市場變動快速，學會抓住消費者的心，正是一門必修，也是永遠修不完的課題。

***

「自創品牌到底需要具備什麼優勢，才能經得起市場的考驗，成為真金不怕火煉的產品？」不諱言，這是我午夜夢迴時經常在忖思的問題。記起二〇一五年的一起事件……。

「旗下擁有GUCCI、YSL，以及BALENCIAG等國際名牌的法國開雲（Kering）集團，控告阿里巴巴集團的購物平台販賣假貨，當時，阿里巴巴董事會主席馬雲出面力挺小商戶，甚至表示，那些品牌的包包賣太貴，這種情況「很荒謬」。但是即便如此，該公司也無法坐視仿冒侵權事件一再發生，於是他們曾在一年的時間內，從淘寶上面刪除了近一億件的侵權產品，而其中有九成都是由阿里巴巴團隊自行發現，並與警方合作，協助追查小商戶的造假和售假行為。

▼成功關鍵，客戶需求永遠擺第一

我由這件事件當中得到的一個啟發，那就是無時無刻都要站在消費者的需求著想，以為消費者提供優質卻平價的時尚產品為目的，強調不必花大錢，便能享受輕鬆購物的樂趣，藉此優化大家的生活品質。其實想要在電視購物台搶下一片天，銷售產品不但要新奇，而且要「物超所值」，以「薄利多銷」創造銷售佳績，這就是完全站在消費者立場為他們設想的一種貼心表現。至於仿冒產品，雖能賺到一時的橫財，但因商品總歸經不起考驗，所以仍會被市場淘汰。所以，心存僥倖不可取，但已受到消費者青睞的業者，也萬萬不能掉以輕心。畢竟市場變動快速，學會抓住消費者的心，則是一門必修，也是永遠修不完的課題。

成功不會無端端地從天而降，我自詡能在這十七年的時間裡，從早期自己親自上電視購物台推銷產品，包括自營品牌的銷售與幫助其他廠商代銷產品，直到如今帶領六員環公司一躍成為東森購物前三大供應商，銷售產品愈趨多樣化，從保健食品、服飾，到保養品、生活用品等，估計已賣過數百種商品，成果斐然。

此外，自從近幾年正式登陸中國大陸後，我開始擴大產品銷售平台，真實紮根，再度創下銷售新高紀錄，熱銷對岸市場。這些傲人的業績表現，除了依靠堅強的銷售經營模式、公司精英團隊，以及強而有力的優質產品之外，更加需要仰賴領航者深入觀察、洞燭機先，才能掌握市場脈動，隨時因應調整，立於不敗之地，而我，就是這位領航員。

開錄前三十分鐘先抓出產品三大賣點，在節目開始前十五分鐘徹底彙整，接著使用足以打動消費者的話術，在短短四十分鐘的節目裡，將商品特色完全表達出來。

***

Twety

素人變明星！我總是樂於工作，並積極傳承下一代

參與台灣的電視購物多年，打從東森購物創台第一年，我便躬逢其盛，掐指一算，截至目前已有十六年時間，這樣的紀錄猶如見證台灣電視購物史一般，一年三百六十五天，十六年的時間計算下來，幾乎已有近六千個日子……，休息的時間寥寥可數，絕大多數幾乎都是在電視購物台做直播，團隊每天最多要錄五到七檔節目，每周則約有三到五個新品要上市，一

個月下來便有近三十支商品在銷售，而在每次錄製的四十分鐘節目裡，我早已練就在開錄前三十分鐘，先以銳利的鷹眼抓出產品的三大賣點，然後在節目開始前十五分鐘，徹底發揮這三大賣點，使用足以打動消費者的話術，將商品特色完全表達出來。因此，自然能夠創下一檔又一檔的銷售奇蹟，成為別人口中的電視購物天王。

我其實正是「素人變明星」的最佳示範，思索自己一路走來的挫折與艱難，如今能有雄霸一方的格局與規格，實屬不易。我曾經看到日本有一位年屆七十的購物台祖師爺，一年的營業額是三百多億元日幣，而值得大家效法的是，這位祖師爺迄今仍在電視螢光幕前銷售產品，真是徹底貫徹「活到老、學到老、賣到老」的生活哲理，我也常以此精神深自期許，未來也要為工作努力，並且精彩生活每一天！

從電視購物發展至今日的新媒電商產業，每天接受挑戰，我被迫學習整合資源，學到各行各業的發展必需仰賴強而有力的整合。我由衷希望這樣的精神與態度能夠傳給下一代，「身為現代人，包括我自己的小孩，我希望他們將來能夠懂得表達自己、行銷自己」。無論下一代未來從事的工作是什麼，我能夠傳給他們的寶貝就是「身教」，而我的身教就是樂享工作，從工作中獲得自信與快樂。

▼傳承經驗，人生最快樂的事情

人生最快樂的事情是什麼？我認為就是媽媽與小女兒偶爾會跟著我上電視購物節目錄影，讓他們有機會面對螢幕。其實，當你習慣面對螢幕，或是面對手機做直播時，那種感覺是有趣的，是會讓人上癮的，尤其會讓人更加勇於表達自己，訓練自己。因此若有機會，不妨從親朋好友的手機開始進行直播，訓練自己。面對螢幕訓練自己的表達能力，培養快速的反應、歸納能力，也會讓自己更有自信，這是一種很好的訓練，而且不是一般人皆可擁有的訓練。

此外，「傳承」也是我非常在意的大事，無論是電視購物，或熱度日夯的電商購物，都相當適合年輕人來學習。未來肯定是多螢幕的時代，尤其是手機螢幕，未來架設網路購物的電商平台可用手機購物，在在證明商機無限。而所謂「台上三分鐘，台下十年功」，十分慶幸自己在這台上執著了十七年，這個環境也證明了只要努力，就有機會存活下來，希望自己將來能夠創造更高CP值的平價品牌，提供消費者更多的優惠。

銷售嚴選 Q&A

以商品模擬通路銷售，找出最佳銷售點！

開店的人通常都很清楚「地點」的重要性，如同買房子一樣，講求的正是「Location、Location、Location！（位置）」，因為有人潮才會有錢潮，把店開在正確的位置，就有機會增加與潛在消費者的觸擊率。但是，要找到商品最佳銷售點之前，還必需先做一些功課，例如先模擬該項產品會吸引潛在消費者的輪廓，包括性別、年齡、收入、職業、喜好等因素，並加以考量，之後再找到最佳地點，提升購買的便利性與流暢的動線，如此便可發揮一加一大於二的綜效，增加商品銷售量。

Twenty One

信任得來不易——

每次上節目，都是一次全新的面試

消費者喜歡品質有保障的產品，博取信任感絕對是王道。

＊＊＊

在台灣做電購定位，目的是幫電視購物台的消費者找尋適合商品，因此我時常往返日本、韓國及歐美各地找尋多樣化的優質商品，希望透過詳細評估後，了解更多的流行新趨勢，藉以幫助華人市場找到既合適，又能廣受大眾歡迎的好東西。

記得當時進入電視購物半年後，一剛開始並無意擔任廠商代表，但因緣際會下，我從廠代做到如今變成購物天王，其成功秘訣即是，我對產品甚至產業都有很深的體會。有人問我：「你為什麼有源源不絕的商品可以賣？」而我的回答很簡單：「廠商說在電視購物台上看到我，就如同正在面試我，待數字決定成果後，他們再把商品交給我銷售。」就是因為廠商對我有這樣信任感，所以才會放心把產品交給我。「我若身在一個富有的家族，可能就不會有這樣的動力去經營事業，自然也就不會有今日的我。我喜歡賣東西，也習慣這樣的銷售方式，甚至已將它融入我生活中的一部份。」

▼品質是銷售憑證，博取信任永遠見效

說起六員環曾經代銷的品牌產品，不勝枚舉，包括愛之味紅神纖、穆拉德勁有力、美吾髮染髮劑、耐斯萌髮等高達數十種知名品牌皆是。而提到「愛之味健字號紅神孅健康膠囊」，這其實也堪稱是一個傳奇……。

因為台灣保健食品管制嚴格，必須有核發國家健字號，包括二至三年的醫院或與博士合作的臨床測試，還得經過衛福部核可，才能上市。愛之味的商品獲得護肝健字號，待隔了一陣子，該樣商品又拿到不易形成體脂肪的核准用字，所以，我相當看好此項產

品，於是開始找尋代言人。

我曾經想過找大咖級藝人代言，但後來，我們選擇了鍾鎮濤阿B擔任代言人。原因是根據調查，台灣三十五至七十歲的熟齡女性，對於阿B的好感度很高，印象是覺得他很老實，結婚後宣告破產，大家很同情他，加上後來又娶了一個台灣媳婦，一切重新來過……，大家對他的整體印象就是誠實！而阿B本人親身測試過後也覺得產品品質不錯，於是接下代言人的任務，並且來台拍攝廣告。而在拍攝前一個半月，他透過經紀公司表示來台灣錄製電視購物台的節目，時間上恐怕比較難配合……，多方討論後，團隊決定讓我加入擔任生力軍，記得我當時的體重是九十公斤，決定加入之後，我開始每天早上喝黑咖啡，每天服用膠囊，並且減少應酬與宵夜次數，一個半月後我整整瘦了十四公斤，體脂肪從二十八掉到二十四，既沒有心悸，也無腹瀉。後來，開始播出廣告並在藥妝通路上架，客戶提供極大優惠，以四九八〇元為基本周期，結果大受好評，在短短二個月內賣出二萬組，截至現在已經銷售了一百萬瓶！

此外，除了阿B與我本人親身體驗的成果，我們也邀請藝人黃小柔、杜詩梅、呂文婉，以及包偉銘與太太兩人一起加入，大家試用後的反應與成果都很好，我後來甚至邀請包偉銘夫妻一同代言，後來因為兩人的結婚新聞，讓產品又趁勢炒熱了一波。

其實，如何延續產品的可信賴性、有效性、成功性、生命力，必需不斷思考。還有希望以後有機會在領到認証核可用字上，更上一層樓，這都是我一直在努力追求突破的部分，畢竟消費者喜歡品質有保障的產品，博取信任感絕對是王道。

鎖定歐美、日韓話題與熱銷商品，成功開發新品。

我時常搭機往返於歐洲、美洲與日本、韓國各地，已然是空中飛人，這麼忙碌的原因無非是希望找尋並開發最適合的新品，只要當地舉辦商品展示會，我一定不會錯過，就像是定期會到美國參加「拉斯維加斯電子產品代理商協會ERA（Electronics Representatives Association）展覽」一樣，這是屬於輻射最廣的專業電子產品訂貨展覽會，可以藉由參展來直接瞭解美國，乃至世界產品的發展和市場的具體需求。

此外，因為約有逾八成的北美電子產品製造商、供應商、代理商、分銷商前來共襄盛舉，故而該展覽高度的國際性和供應的多元性，更為參展商和參觀商之間構築了一個交流平台，可以藉此收集到許多新產品的第一手情報。

Chapter 3 讓奇蹟不斷延續！

在中國大陸辛苦經營了這些年，開始有一點點的成果與回饋，只是面對競爭激烈且規模龐大的海外市場，如何佈局，如何比別人想得更遠、更透徹，將是我未來的全新課題！

Twenty Two

複製台灣經驗、融入中國式的銷售——

錢進中國的秘密武器

持續複製台灣的成功銷售經驗，積極傳播至中國大陸各電物購物頻道做銷售。

善用電視媒體，短期內即可自創品牌，進而達到強力宣傳及擴展銷售的效果。

＊＊＊

在提到大陸電視購物市場之前，不妨先回顧台灣那段猶如神話故事般神奇的電視購物發展史，台灣的電視購物元年率先起跑者，當屬於一九九九年年底正式開台的「東森得易購」。東森購物的年營業額也從二〇〇〇年的五億，一躍來到二〇〇一年的二十二億，首度進入《天下雜誌》五百大服務業排行榜，並且名列第二百七十五名。數年後，「富邦MOMO台」

於二〇〇五年元旦開播，同年八月十日，中信集團投資的「ViVa TV購物頻道」也順勢開台，電視購物頻道正式進入「三強鼎立」的時代。

根據統計，台灣電視購物整體營收規模，從剛起步時的一點二億新台幣，躍升至二〇一一年的五百億，其中更驚人的是，估計潛在營收規模已上看千億元新台幣。

觀察大陸電視購物，則是從一九九二年開始發展的，當時的廣東珠江電視台首先推出電視購物節目「美的精品TV特惠店」，之後十餘年，大陸電視購物發展波折不斷，尤其是歷經廠商因為誇大產品效能，消費者信心崩解的過程，導致中國大陸的電視購物台發展元氣大傷。所幸，自二〇〇三年開始，包括美國、韓國、日本等國的電視購物公司在內，國外數家企業龍頭再度投資，緊接著，韓國CJ家庭購物、美國UMG 電視購物公司和台灣東森電視購物，也相繼進軍中國大陸市場。

▼一回生二回熟，施展看家本領

二〇一二年，大陸電視購物市場規模已達人民幣五百七十八億元，由於市場仍然在快速成長，預估二〇二〇年可上看人民幣千億以上的規模，市場潛力不容小覷！

為了及早預做準備，我很早便開始佈局大陸電視購物市場，十年前即帶領台灣的團隊精英幹部，引進台灣優質的商品，上遍大陸多達三十多家電視購物節目。而我在大陸電視購物節目中展現的，即是自己獨特的銷售話術與演繹風格，從節節上升的銷售數字即可看出，這樣的作法確實能夠擄獲大陸消費者的心。

其實，一開始面對這麼廣大的市場，單單一個電視購物台的收視戶，動輒便有數千萬人這麼多，而我就是一張陌生的臉孔，憑什麼在一檔四十分鐘的電視購物節目上說說話，就能讓觀眾從一開始只是看熱鬧的心情，走到愈來愈投入，甚至願意掏錢出來打電話下訂單，這箇中滋味真是奇妙。

我當初也是抱著初生之犢不畏虎的心情勇闖大陸，對於當地電視購物的環境，其實非常陌生，但是即便如此，我心裡還是很明白，我必需快速熟悉當地的人情世故，愈早進入情況愈好。回想起自己剛開始上電視購物節目時，由於電視購物台大部分都是國營企業，所以只要主持人表現出不是很滿意的表情時，下了節目後少不了得被製作人叫來「聊一聊」。

逐漸地，與大陸電視購物製作節目團隊一回生、二回熟，我的看家本領開始施展出來，加上與主持人、節目製作團隊相處融洽，觀眾朋友也開始習慣我的獨特銷售方式，自此，業績開始扶搖直上。不但如此，我也深知分享的重要性，所以只要有空，也會與其它購物專家分享我的個人經驗，因而成為大陸電視購物專家取法的對象，這些點點滴滴匯聚成河，幫助我在中國大陸逐漸打開知名度，先是台灣的知名節目「康熙來了」的主持人小S及蔡康永先生封我為「購物天王」、然後大陸許多購物台也紛紛稱呼我為「購物天王——嚴總」，此舉吸引了更多想要和我合作的廠商主動聯絡找上門，希望由我親自操刀，代為銷售。無形中，這一股力量在背後推波助瀾，也促使我在大陸的經營佈局更加順利，這一切促使我不得不加快腳步，隨時做好準備，迎頭趕上。

▼凡事要求嚴格，遇事樂觀面對

如今的大陸電視購物市場，年產值高達二千億人民幣，等於是台灣電視購物的數十倍，其規模對於台灣來說，可說天差地遠，望塵莫及，但是，我覺得中國大陸美好的一片購物商機，並非只能看，不能吃。台灣市場競爭依舊激烈，只要透過複製台灣成功的經驗，事在人為，仍舊希望無限！有許多人問我：「率先踏進中國大陸電視購物市場，你是如何有信心能夠成功搶下灘頭堡，並且持續維持超強競爭力？」而我的答案很簡單，那就是：「凡事要求嚴格，樂觀面對！」

由我一手創立的六員環公司具有在台灣的優勢，並且早就為佈局大陸市場、紮下優質基礎。六員環目前也是台灣電視購物渠道知名度最大的營銷供應商，擁有十七年的電視購物經驗，且為目前唯一一家可供應從服裝到家庭生活用品等全系列商品之廠商，產品力驚人。不但如此，在網路電商佈局十年以上，在台灣，自網路商城PChome、MOMO、Yahoo到GOMAJI團購網、企業網及電話行銷Outbound等渠道，都合作緊密。

我的團隊經驗豐富，持續不斷地複製台灣的成功銷售經驗至中國大陸做銷售。而團隊之所以能夠快速複製技術，主要包括：商品開發及協力工廠皆以兩岸銷售為主，可快速供貨給兩岸；在台灣製作的節目資源經過後製，可快速送至中國大陸使用；快速調整台灣熱銷商品的銷售賣點，用以做為中國大陸銷售的行銷資源。換言之，不僅是銷售觀念不斷進步，產品也持續推陳出新，上述種種都是我們因應大陸電視購物市場的秘密武器。事實上，六員環經營大陸電視購物已逾九年，持續深耕品牌覆蓋全國的環球購物、優購物、家有購物、東方購物等通路上。至於時下最夯的電商渠道銷售，我們則運用現有TV的資源及優勢，在微商、淘寶直播，以及京東商城、蘇寧易購等渠道上，積極佈局中。從大陸電視購物跨足到電商、微商，以及直播等銷售通路，版圖規模可說都是遙遙領先。

因為善用電視媒體效應，可在四十分鐘內創造出一個品牌，短時間內達到強力宣傳及擴展銷售的效果；同時更可將效益轉移至網路及臉書直播，完成銷售最大化，故而在購物業界，六員環向來被稱為「品牌創造機」。這一些優點非他人所能複製，卻是我們搶攻大陸市場的犀利武器。

中國大陸目前的銷售通路多樣，電視購物只不過是其中一環，所以我始終不會因為擁有電視購物的堅強實力而自滿，面對現在非常熱門的「跨境電商」，我便覺得這就是一片新藍海。如今的我，隨時都在評估跨境電商的佈局，思考如何拔得頭籌，讓自己能在對岸各種銷售平台佔有一席之地。

Twenty There

「錢」進中國——

跨足電商、微商、網紅……

我的工作字典裡，向來「不打沒有把握的仗！」從電視購物到節目欄目到電商，吸引消費者至網站消費購物，對我而言已是「箭在弦上」，勢必得早發！

＊＊＊

為了擴展大陸市場，我決心要打造新媒體電商經營新概念：朝大陸各種通路經營布局。這不僅是一場平台之戰、金流之戰、物流之戰，更是一場文化實力的肉搏戰，而跨境電商便是成功關鍵的灘頭堡。我認為，若說電視購物靠的是媒體行銷，那麼對於近年新竄起的電商購物，我們更該擁有全新的行銷新思維。

在提到「跨境電商」這個名詞前，必需先了解電子商務是近二十年多來，成長最快、變化最多、機會最大，卻也成為搶攻紅海的商務戰場。從C2C（消費者對消費者）拍賣、B2B（企業對消費者）電商平台、再到B2B 2C等開店平台的依序竄起，現在則開始走進跨境電商當道的時代。至於什麼是「跨境電商」？其實台灣廣泛開始討論「跨境電商發展」，可以追溯到二〇一三年……。

當時，是由台灣經濟部開始主導跨境電商發展，業界因受困於境內電商已漸趨白熱化，只好紛紛將目標轉向海外市場，進而掀起跨境電商風潮，海外消費市場順勢拓展開來，至於台灣業者跨境的目標市場則以美國、中國大陸以及東南亞各國為主。

若說目前國際間跨境市場誰領風騷？答案肯定非中國大陸莫屬，由於中國人口眾多，需求量大，跨境電商交易量逐年成長，龐大的內需市場自然仰賴跨國商品的支援。二〇一四年中國大陸的跨境電子商務交易總額，已達到約人民幣三點七五兆元，交易數字還在不斷攀升。甚至世界上最大的管理諮詢公司埃森哲（Accenture）也預估，二〇二〇年全球跨境B2C電商消費者總數將跨過九億人口大關，中國將成為全球最大的跨境B2C電商消費市場。由此可見，前進中國大陸經營跨境電商，已然成為兵家必爭之地，更是決勝的戰場！

▼插旗跨境電商，「維持價格」是關鍵

而為了提早因應市場的發展，我們早已開始嘗試在臉書開設視頻，縮短介紹產品的影片時間，也就是將每集四十分鐘的電視購物節目影片，剪輯成約三至五分鐘的精華短版影片，方便PO在網路上播放，成為網路購物銷售平台既另類又嶄新的宣傳模式。據我預估，中國大陸財力雄厚的企業，例如阿里巴巴、騰訊，以及所有的電視購物等，未來勢必都朝向電商購物邁進。「現在搶進電商購物，看似小蝦米要鬥大鯨魚，但是抱持『今天不做，明天可能會後悔』的原則，我還是認為只要策略評估精準，加上天時地利人和共同推動，或許會碰到阻礙挫折，但只要看清目標、膽大心細，肯定就能推動這個不斷向前滾動的巨輪。

目前我們的自有品牌「BC波妮可妮」已經在天貓有品牌旗艦館、在京東商城有品牌館，並且與湖南衛視知名節目「我是大美人」合作，前進法國巴黎作直播節目，在巴黎直播的三天，場場破百萬人次關注，帶動天貓與京東商城品牌館的流量。

▼結合「網紅」促銷，加碼「微型電商」

除了跨境電商以外，我未來更要進一步經營「微型電商」。根據《二〇一四台灣C2C電商年度大報告》指出，經營拍賣網站的買家中，有百分之六十二的比例同時也是賣家，這種擁有買家及賣家雙重身分，則是「微型電商市場」特有的現象，而其所發揮的全民電商長尾能量，效果更是驚人。而微型電商未來勢必會與新崛起的「網紅經濟」串連，也就是結合網路紅人，透過直播、社群平台累積人氣和知名度，適時置入商品來做銷售。而藉由網紅與粉絲們的積極互動和博取信任感，分享、介紹產品訊息……，全新商機，已然成形。

大陸微商市場實力到底有多驚人？就以我曾在台灣銷售的「光療衣」為例，在台灣一年累積銷售約一至二億元新台幣，而同樣的商品，我在中國大陸微商銷售一個檔期，單憑一個「網紅」就賣翻天，營業額即高達四至五億元，微商的未來商機，潛力實非你我所能想像。

綜觀中國大陸各種型態的購物平台，其實商機無限寬廣，我在這裡不免要跟大家提醒幾句：在確定投入資金之前，勢必得先做好萬全的評估與專業判斷，才能確保不致血本無歸。

Twenty Four

電視購物精華版——
電商購物的未來

把電視購物壓縮到網路購物，透過不同長度的視頻內容，分別提供網路或手機APP平台播放，這即是有效的資源再運用。

無論消費者是什麼年齡，創造幸福、快樂、滿足的感受，找到既合適又能被大眾接受的商品，才是我的終極目標！

＊＊＊

我認為兩岸華人對商品需求性的差異不大，所以開始逐步調整經營模式：把我們在台灣市場經驗多年，有關的商品資訊與行銷訊息等相關內容，放在中國大陸經營，這樣的模式經過測試，商品上架後果然皆大賣。所以，我們目前多半將來自世界各地的熱銷產品，預先放在台灣試銷看看，只要是台灣會大賣的產品，再引進中國大陸銷售，當然，兩岸也可視實際情況同步進行產品上架，也因此擁有豐富的平台資源，製作成本可以大幅降低，正如同募資拍攝電影，只賣台灣與同步在台灣與中國大陸播映，兩者之間的成本壓力，就差很多……。

比較中國大陸的電商與電視購物，中國電商寫故事能力很強，但是對於影片與視頻製作的功力，則不夠專業精緻。現在網路資源多，看似有可能超越電視，但是電視購物基礎功力仍在，加上菁英工作團隊、完整的組織規模與強而有力的執行能力等周邊襄助，實非一個簡易型手機直播購物內容便可取代。但是即便如此，電商勢必要朝更精緻化、更行銷化，以及提升收視品質等方向努力，這也是台灣獨具的市場優勢。

舉例來說，同樣一支三分鐘的影片，好的影片能夠打動人心，讓商品與品牌更加值，箇中關鍵取決於製作團隊的專業與用心，這也是我多年來在台灣電視購物磨練出來的經驗。每天都在做直播，平均每周約有三至五支新品上市，團隊每年企畫製作逾三百支電視購物影片，而且不重覆，用心與成果皆屬不易。而這三百多支影片，因為銷售對象的不同，因此我們習慣會琢磨五次，甚至十次，只為了呈現不同的拍攝手法、銷售賣點、代言人效應等，這絕對不是單純直播的電商能夠取代的，而這就是兩者間最大的落差！

▼商品就是王道，拋棄取巧心理

大陸電商很進步，但絕對不能過度操弄價格，這樣只是揠苗助長，因為市場上永遠不缺更便宜的產品，反而應該是合理價格銷售優質商品，太便宜不好，太昂貴更是不要，這才是爭取消費者認同的手段與目的。電商剛開始崛起時，確實是以便宜價格取勝，若再加上一則動人故事、美美的商品照，消費者往往就會買單……，即便實品與照片上的商品落差很大，消費者往往也會因為價格真的很便宜，於是不計較。但發展至今，這樣的取巧心態，實際上已經行不通了。

再者，將電視購物與百貨通路的精華版PO在電商上銷售，這也是電商未來可行的趨勢之一。一般電商圖片多、影片少，所以，未來勢必要有更多的影片來做區隔。畢竟消費者要的無非就是更詳細的介紹，例如買精品手錶，或保健食品，價格很重要，但是詳實的商品介紹更是關鍵，單純只看圖片與故事就下單的情況，早已不復存在。

有人說：「電視購物已被網路電商咬死，發展至今算是碰到瓶頸了……」，但若要我來說，電商看似賺很大，但若真以為這樣就能吃掉電視購物，我倒覺得是言之過早了！我之所以認定電視購物不會死，那是因為所有的電視購物業者並沒有佔到電商的便宜，未能及早在電商卡位，甚至有人還瞧不起電商的威力所致，所以直到後來，大多數電視購物業者才會被電商的業績規模嚇死了！這只是一時的震撼，絕非無法翻盤的結果，我們接下來要做的事情就是——透過各種平台行銷產品，同樣的產品可以擴展到每一種通路上做銷售，將電視購物節目上使用的影片剪成不同長度的內容，分別放在不同類型的視頻上播放。舉例來說，在電視購物台銷售結束後，把原先放在電視購物台的影片再剪成另一支三分鐘的新影片，然後放在網路銷售，結果竟然一樣大賣。把電視購物壓縮到網路購物，透過不同長度的視頻內容，分別提供網路或手機APP平台播放，這即是有效的資源再運用。甚至可以這樣說：「電視購物的濃縮版，正是電商購物的未來……。」

阿里巴巴集團董事局主席馬雲，一開始就是做網路平台起家的，而我與他的不同之處在於，我想做的其實是品牌行銷，因為我始終看好華人市場潛力，所以只要有好的商品，再搭配有效的行銷，快速地將商品送到消費者手中，這就是成功模式。未來，商品仍然需要通路平台來曝光，通路平台也希望架上陳列的都是質感良好的商品，互蒙其利絕對是趨勢！

▼電商vs.品牌，助我一臂之力

但如今，有一個尷尬的問題是，中國大陸許多知名品牌不見得想與電商合作，也有一些電商實力甚至市值已經超越這些大品牌，所以也未必非得要跟這些大品牌合作才行，雙方都在衡量彼此的實力與潛力，換句話說，電商想找的是質優、具行銷實力、物超所值的商品，而非大品牌不可，這就是我的優勢與機會！

我除了是優質的商品供應商之外，更具備強大的行銷力，能把商品CP值提升到最高，走的也並非是奢侈精品，而是取中等價位且實用，針對金字塔中間最廣大的消費群為主，而非金字塔頂端的那個族群。這個中階群族講求的是品質、設計感、流行性，只要給予足夠的信賴感，他們並非一定要大品牌不可，這也是我們未來在中國市場經營發展的最大機會。

此外，電商消費者以四十歲以下的群族居多，而電視購物則是以四十歲以上者居多。除了鎖定的目標族群的差異性之外，對於產品的設計風格也應該略有不同。同樣的商品用在電視購物與電商上，規格設計就應該要有所區隔，雖然有所不同但卻不會互相牴觸。

無論消費者是什麼年齡，創造消費者的幸福、快樂及滿足感，幫華人市場找到既合適又能被大眾接受的商品，這才是我的終極目標！

未來希望能把電視購物轉型的實質內涵與經驗，成功引進電商領域裡發展。

奉勸大家：唯有留在自己身上的資源，才是別人搶不走的優勢！

Twenty Five

我的聚寶盆——

開發「高性價比」商品

＊＊＊

中國大陸目前正在走台灣過去的市場消費習慣，大家也像台灣早期的消費者一樣崇尚知名品牌，但因為這些大品牌價格很硬，雖說品質沒有問題，而購買心態多少都帶著一點虛榮心，所以即便彈性不大，但這些精品品牌仍可生存，畢竟還是有一群死忠的消費者支撐著——這些位在金字塔頂端的消費族群。

畢竟若未經過幾十年甚至上百年的時間淬鍊，並且經得起消費者的考驗，實在稱不上是一個大品牌，想成就它，著實不易。也因為不容易下手，所以我反其道而行，設定的是「高性價比」的品牌，也就是性能與價格都要很高的品牌（即CP值高的品牌），只要開發商品的品質穩定，累積出一、二萬名消費者的肯定與口碑，如此就會產生出CP值，但因為投入資金不多，價格便無須像精品品牌這樣訂得高高的，甚至可能出現類似產品，但價格只有精品品牌二分之一或三分之一的狀況；消費者可以取得品質差不多，但價格差很多的好東西，這種消費習性助長了消費力道龐大的中國市場，這樣的產品將會是主流……。

▼消費市場需求大，中國錢景無限好

像我當初銷售英國貝薇雅內衣，這的確就是在英國註冊的品牌，在當地也有銷售，而且價格比台灣百貨公司專櫃賣得還要便宜，所以，短短三年內我就在兩岸市場賣出了二千多萬件，這樣的創舉顛覆了許多廠商的想法。曾有一個客戶告訴我，我當時販售的貝薇雅內衣在台灣銷量很大，但是因為不賣內褲，所以只有內衣商品受到巨大衝擊（銷量至少減了三成），而唯一未受影響的是內褲，影響之大由此可見。

只是，「性價比品牌」也能適應大陸市場嗎？在此我不得不誇獎一下中國的電商與電視購物，因為中國大陸的消費水平愈來愈高，廠商們持續把關商品品質，而我們因為在台灣磨練過，所以向來也習慣找尋品質優良的產品來銷售，加上我深諳行銷包裝，所以我敢說「性價比品牌」將會是未來的市場主流，也正好搭上了中國消費市場的需求，前景大好！

記得八年前進入中國大陸考察當地的電視購物，由於設備不齊全，許多執行團隊也不夠專業，因此磨合不斷。反觀如今，對岸市場進步神速，甚至已經超過台灣的電視購物，加上許多大陸電視購物業者開始籌備上市計畫，因此更講求效率，願意接受不同地區的經營概念，大家急起直追，如今的電視購物水準已與台灣不相上下，甚至有些主持人的話術與功力進步神速，而且還在持續招募新人中，種種現象已然成為一股活水，讓整個市場生氣蓬勃。

▼團體戰是關鍵，全力配合通路

此外，當台灣電商剛剛做出一點成績時，中國大陸已經成功催生了微商（網路產生的通路）的問世，即是目前通稱的「微型電商」；而當台灣開始摸索微商時，他們則又已經大步跨進網路紅人直播這個領域……，換句話說，中國大陸各方面的發展，都已遙遙領先台灣，包括原有在電視購物的領先位置，似乎也失去優勢了。曾有中國大陸的通路商說過：「唯一不能被取代的就是嚴總」，因為我在電視購物平台上有十六年的操作經驗，比資金、比資源，台灣早已比不上大陸，所以我真的要勸勸台灣年輕人，要多下功夫，有機會就去對岸實際磨練一下，唯有留在自己身上的資源，才是別人搶不走的優勢！

經驗無法速成，需要累積！我認為自己在東森購物那段時間，因為有大量的時段來磨練自己，剛開始在節目中所說的內容也不出色，真是自習多年才「出師」的，現在什麼產品在我手上，我都能以吸引人的話術來誘導大家下單，但是這意味大好時光已過去，未來在台灣是不可能再有這樣的機會與環境了，「我非常感謝電視購物這個產業，未來希望能把電視購物轉型的實質內涵與經驗，成功引進電商領域裡發展。」

開始跨入中國大陸電商這個領域，首先，我設定的就是透過自營的「嚴購網」來做服務，對於支持自己的消費者，無論是提供訊息或影片，甚至是提供商品或服務，都必須在未來多頻分眾的市場，取得一個快速發展的利基點。

再者，大陸電視購物業者的網路發展遠不及電商，那是因為電視購物業績佔比太多，廠商們因此不敢貿然地發展網路；而台灣正好相反，許多業者在電視購物上的業績可能排第二，網路則占大宗，所以經營重心會放在網路上。所以，未來發展電視購物，團體戰絕對是趨勢，同樣是開發新產品或製作、企劃節目，我的規劃是一次分成兩組，一組專攻電商，另一組則是搶攻電視購物，分頭合擊。

總之，無論是要進攻哪一個通路，團體戰絕對是致勝關鍵！

Twenty Six

與仿冒品捉對廝殺——

只做「高性價比」商品

這個世界永遠不缺的就是商品競爭者，但是，我的信念是不做最貴，也不做最便宜的商品，我要做的正是「性價比高」的商品！

***

面對同質性競爭的品牌甚至是仿冒品，當大家都有類似的同質性商品，在市場上廝殺時，不是被要殺價被迫薄利多銷，要不就是要開出獨家規格；而我因應這樣市場挑戰的策略就是：最後仍然回歸到商品性價比，尤其市場觀察，當正貨與仿冒品價差在一倍以上的時候，消費者是很容易上鉤去買低價者，但是如果價差僅有百分之三十或百分之五十的範圍，消費者仍然願意買值得信賴的商品。面對商品資訊透明的時代，就是要比誰禁得起挑戰，意思是一旦找到一個獨家商品時，就要快速衝大量，當有仿冒品出現時，就要做出屬於自家的特色產品。

以我銷售的無鋼圈內衣為例，一個月可以賣幾十萬件，甚至上百萬件，但是後來類似仿品或競品出來之後，我立即改變策略，從布料功能、設計著手，而價格只比低價仿冒品多出百分之三十左右，消費者最後還是會購買有品牌、布料材質好、設計功能好，而且值得信賴好的商品。例如知名品牌ZARA與uniqlo，都是在高價品與一般品中間找出一條血路來，即是從原料或布料採購端直接下手。以前都是透過貿易商買貨，現在要開發出「性價比高」的商品，就必需自己直接跟工廠買貨，鎖定布料原料，當量大時就可以直接從生產端控制。

唯有做到同質性商品價格的前二名或第三名才能勝出，第一名是標榜最貴最好，而我只能做中間價格，但是品質有保障的商品，以符合消費者保障！例如，推荐的內衣都是自己研發布料、採購布料、工廠直接生產，可能價格會比網路貴一點，但是只有百貨專櫃的二分之一甚至三分之一的價格，所以仍然會有我們品牌的支持者。商品無論透過什麼平台推荐給消費者，都要讓消費者感覺有高CP值、超值，而且有市場差異性，這也是符合「性價比高」商品的條件。

▼砸下重金投資，圖謀一次賺更多

再舉一個例子，我代售一組洗髮精，原本內含主要成分之一為馬鞭草，但是市面上相同含有此成分的洗髮精其實也有競爭者，售價大約一瓶要七、八百元，而在我的建議之下，做到商品差異化，於是再加入另一種重生草，就這樣我接手開賣後，一瓶只賣二百五十元，在短短半年內即銷售二十萬瓶，我不斷做到市場差異化、CP值、超值，以及產品特色來拉攏消費者，此方法正是萬靈丹。

永遠都不要害怕市場出現競爭者，因為這個世界永遠不缺的，就是商品競爭者，消費者面臨價格透明化的時代，有購買需求出錢的仍然是消費者，到底給消費者是否是物超所值的商品，也就決定商品是否能存活。

其實公司發展至今，我也期許自己未來能朝「自媒體」發展，未來的三至五年內，我希望能向民視「消費高手」這個節目一樣，平時也不見它們打什麼廣告，但就是有一群鐵粉支持消費，我對於這種經營自媒體的模式，深感興趣。

我向來奉行「用心賺經驗，努力賺業績」的原則，目前在台灣，六員環每年可做到十五億新台幣的業績，加上中國一年可賺進五億新台幣以上的營收，合計每年約可創造近二十億新台幣的營收。所以我發願：「希望能在五年內，兩岸市場合併營收能夠突破一百億新台幣！」若你問我為什麼會有如此的企圖心？我會告訴你，因為第一，中國大陸的人均消費與中產階級消費力道實在太驚人，這樣的轉變促成整個市場翻倍成長！

所以，現在要打的是結合資金、資源的一個全面性經濟戰，台灣的中小企業去中國大陸經商，如果不把資源集中起來，並且配合大環境去爆發，絕對不會成功；與其慢吞吞地被淘洗，直到最後可能就這樣被洗掉了，所以，一次下重注投資，才有機會一次賺更多。

▼仿冒品趁亂孳事，庫存壓力心驚驚

其實在大陸經商多年，自詡什麼場子都曾經見過，但人算不如天算，我還是遇上了相當棘手的問題，那就是仿冒品！大家還記得我在前面提過的自營品牌英國內衣貝薇雅嗎？這款內衣當初在英國大賣，回到台灣一樣賣得嚇嚇叫，我當時的訴求是自己觀察到台灣婦女癌症首位又是乳癌，探究其中原因之一可能是東方人習慣穿鋼圈內衣，雖然不舒服但卻無法不穿……，後來觀察我太太每次脱掉內衣後，前胸後背都會有勒痕，加上女性在生理期前後，乳房會有脹大的狀況，增加穿內衣實的不適感……，種種跡象讓我確定，好穿的內衣的確有市場！所以我當時隨身都會帶上七、八件內衣，有空時便拿出來問問周遭的女性朋友，包括女員工親友們的意見，透過多做一些田野市調來增加商品的信任度！後來，開始銷售貝薇雅內衣時，設定的健康、好穿的商品訴求也確實奏效，在台灣購物台賣出四百萬件，大陸市場更是熱銷，共計約賣掉了三千萬件，幾乎是全中國三十多家電視購物台，大家都被貝薇雅內衣征服了。而這時，問題來了……市場上開始出現仿冒品，最多時甚至高達二十多種，在淘寶出現的仿冒品牌甚至高達五千多家。

我曾經碰過北京一家電視購物台總經理來台參訪，他對我說：「老嚴哪，大陸電視購物若有機會一定要記你一筆，竟然可以把一款內衣賣得這麼火紅。」而我的深深感觸則是「儘管你已有專利保護，但還是被仿冒，試想若沒有專利保護，仿冒會有多嚴重……」。

銷售貝薇雅內衣帶給我的教訓就是，在有幾十家廠商開始做類似產品，市場上出現上千個仿冒品牌時，市場肯定會被快速瓜分完畢。這一組內衣原本是四件賣二百九十八元人民幣，銷售情況相當好，但是一碰到仿冒大軍破壞市場，到後來就是得加碼送褲子，變成十件賣二百九十八元人民幣……，情況愈變愈糟。

至於另外一個隱憂是，中國大陸運送貨品需要好幾天的時間，而且還有運費的考量，這時若商品單價訂太低，加上我們講究包裝，上述林林總總都會變成我們的成本被迫拉高，進而造成「上半場有賺錢，但下半場卻得自己貼補更多錢」的窘境。況且內衣是有各種尺寸的商品，這些尺寸與成本問題，都會產生壓力不輕的庫存。所幸，這場仿冒品風暴就在我們與協力廠的共同努力下，花了二、三年時間，終於慢慢地把庫存解決掉，而這樣的經歷也真稱得上是「驚濤駭浪」了。

▼仿冒品的警訊與威脅，不容小覷

目前，全球電視購物台販售的商品，品質開始具備不易複製的質量門檻與專利保護，都些都是確保廠商與消費者權益的好辦法，畢竟若商品本身無法受到保護，市場開始亂成一團，廠商為了自保，成本開始失控，甚至有些屬於受災戶的廠商還會被電視購物台記上一筆，認為你才是最大贏家，但事實上，仿冒品往往賺的比你多更多，搞到最後，自己反而像是「白忙一場」的受害者。

而說起另一個在大陸的慘痛教訓，就是鈦鍺手鍊出現仿冒品了。看過前面篇章的介紹，應該都知道這是我在台灣賣得很好的一款經典商品，記得有一天，朋友來訪並告訴我：「你的鈦鍺手鍊在大陸賣得很好喔……」，我一聽很訝異，急忙問：「有嗎？」後來幾經打聽才知道，原來是中國大陸有人開始仿冒我的產品在販售，而且還賣出了二百萬組。

後來，我也開始在中國大陸銷售鈦鍺手鍊，並且是賣給大陸通路二萬組，但對方竟然不死心，依舊仿冒了三十萬組跟我競爭，對於這種不需要付設計費，就拿來削價販售，甚至直接拿著產品交給下游工廠去製作的情況，我真的感覺很無奈，又無計可施。雖然類似的仿冒事件層出不窮，但若往好的方面想，也會令人發現，在台灣可能有一半以上成功的商品，只要在大陸成功做好品質控制，銷售量也會很好，大約是台灣的十倍以上起跳，難怪大家爭相搶攻大陸市場，不過，仿冒品的警訊與其所帶來的威脅，卻是不能不提防的。畢竟中國大陸早已是人類生活用品的世界工廠，坊間許多知名品牌的系列商品，他們都可以仿製，扣除食品保健，食品因為會有消費者信任度的考量，其它像是家電、紡織品、生活用品等，在中國大陸被仿冒複製的速度，快到你根本無法想像，而且售價都比台灣來得更便宜，幅度高達百分之三十至百分四十。所以，只要是在你看得到的商品款式，在中國大陸都可以做出來，平添我們銷售時的壓力。

不用吹噓、誇大的說話方式來介紹商品，騙人的把戲終究會被拆穿的。

使用更精緻的方式來介紹商品，依照導演訂出的腳本去演繹，不脫離大陸官方制定的規範，台灣的廠代發揮空間仍然很大……。

*
*
*

Twenty Seven

「後發型」市場——
中國大陸的電視購物

中國大陸電視購物的發展時間雖比台灣晚了十多年，但很多產業的進化與進步速度都很快，可說是「後發型」的新興市場，中國市場汲取他國經驗，藉以縮短中間的差距，企圖迎頭趕上的競爭力，實在不容忽視。

中國大陸過去也曾發生過購物台的銷售產品良莠

不齊，甚至假貨橫行，客訴不斷，工商局屢屢遭到消費者投訴，所以開始出現每年三月五日的「打假日」，消費者可以透過投訴，對不肖業者進行懲罰；大陸公檢法部門甚至在二〇一六年投入了龐大物力進行「打假」。舉例來說，阿里巴巴每年投入十億，運用大數據防控模型的二千人專業隊伍打假，強調製假、售假等在本質上都是一種「偷竊」行為，因此呼籲政府相關單位仿照國外作法，祭出嚴刑重典來懲罰，希望「像治理酒駕那樣治理假貨」，將所有的不肖廠商繩之以法。

此外，有鑑於電視購物的相關糾紛與投訴居高不下，大陸廣電總局於二〇一〇年正式發布實施《廣電總局關於電視購物頻道建設和管理的意見》，主要在於加強對於電視購物的監管力度，除了對於所有電視購物頻道的經營都必需符合規範，其中令人印象深刻的是，電視購物頻道和專門購物時段所播出的購物節目，必須真實介紹和展示所販售商品，避免虛假、誇大宣傳。自從中國大陸此一措施公布實施之後，電視購物台獲得良好規範，其中更有一些做法不輸給台灣，甚至超越台灣。

例如，大陸電視購物商品在上節目前必需提出企畫書，內容則必需強調商品的品牌性質與未來的規畫。要做這種全通路的全品牌規畫，風險更高，畢竟「沒有三兩三，不要上梁山」，也就是說，沒有實力的人未來在中國大陸將更難生存，可能在尚未正式銷售商品之前，就已被市場淘汰，所以，台灣購物業者想進軍大陸市場，千萬不要心存僥倖，或覺得碰碰運氣就好，因為中國大陸對於商品的認知與規範愈來愈嚴格，相對地，要在中國大陸走仿冒路線，或詐騙投機的業者，未來只會踢到鐵板，鎩羽而歸。

▼掌握各時段銷售期，力求「完銷」

有感於大陸電視購物發展十多年的演進與進步，面對未來如何才能持續在大電視購物或網路購物，甚至微商佔有一席之地？記得我在八年前，登陸中國大陸電視購物台時，當時感覺他們的場地與設備都與台灣之間有著一段不小的落差，但是幾年時間過去了，他們目前所有的設備都已達國際水準，將台灣遠遠抛在後面。至於銷售方面，他們的廠代所邀請到的藝人也必需事前經過審核，要求符合中規中矩的條件才能上節目。

唯一要注意的競爭是網路購物，大陸的電視購物如今也開始受到網購的衝擊與挑戰，消費者對於想要購買的商品，都會習慣先上網比比價。大陸平均一家電視購物台少則有三千萬收視戶，多則達到一億五千萬收視戶，而台灣只有五百萬收視戶。所以，我們每次要銷售前所面臨的壓力，往往都比在台灣還要大，可能一次、二次沒有賣好，下次就再見、沒機會了。但是相對地，「性價比」好的優質商品，例如我們曾在電視購物台，內衣一組賣二百九十八元人民幣，一檔下來可以順利賣出四千組，這就是極具銷售潛力的商品。

為了精準掌握銷售業績，達到「完銷」的目標，電視購物台都會訂出每一個時段，例如早上、下午或晚上各有不同的銷售業績達標的標準，例如晚上黃金檔時間訂的銷售金額很高，此情況與台灣的電視購物台規範類似，如果銷售成績未達標，屆時電視購物台受到的影響是廣告收入減少，至於因為未達標，銷售剩下的商品，廠商要自行想辦法或降價加碼再銷售。

▼口條流利台風穩健，廣受青睞

在大陸電視購物台上節目前，也如同台灣一樣會先有兩次製播會議，詳細討論產品特色，以及行銷的重點話術，一檔節目四十分鐘，通常會分成三段，尤其是第一階段的十分鐘，除了讓消費者了解價格，更重要的是要能快速打動消費者的購買意願，我就有一群鐵粉老客戶會在節目一開始的十至十五分鐘即下單，真的相當幸運。而為了要讓商品爆大量，所以要更精準地掌握消費者心理，這個結果可以透過機器來監測，當我在節目上的哪一個時間點，當時正在說的話術會引起消費者興趣，並在瞬間打電話進來訂購，出現銷售高峰……，這時我便可透過耳機聽見導演告訴我，盡量重覆這段高峰期的話術內容，藉以刺激消費者來電購物。

一般說來，在整段節目中的前十五分鐘，整場銷售大致上便已到達最高峰，廠代只需反覆說出這幾個最能撼動消費者心理的賣點話術，便可成功爆大量。不可諱言的是，商品的首賣檔是壓力最大，也最刺激的事，若在四十分鐘內達標了，便可迎接未來好幾個月的美好。但若未達標，沒有電話打進來，這不但是痛苦的四十分鐘，有時甚至要痛苦好久一段時間才能脫身……。

經過八年時間，在大陸電視購物台的磨練，讓我已經取得對岸電視台充份的信任與青睞，「他們很喜歡我在節目中的表現，加上我自己是老闆，實在很少有老闆本身具備口條流利、台風穩健的特質，更重要的是經驗豐富……。統計我在大陸上電視購物LIVE的次數，是所有廠商的前幾名。」至於上節目說話，既不能太過簡短，也不能太冗長，廢話講太多，主持人跟製作人會認為內容失焦而不高興；反之若話說太少，則會被嫌棄你不夠熟悉商品，或對商品沒有熱情，規範可說非常多。

▼掌握銷售尖峰期，業績翻漲

其實談到電視購物台的銷售尖峰，也有分氣候與季節性，舉例來說，台灣電視購物台最喜歡颱風天，因為一般民眾放颱風假，外面風大雨大無法出門，只好在家看電視消遣娛樂，當然也會在看膩電視節目之餘，瀏覽電視購物頻道，於是，只要被廠代口若懸河的話術吸引，打電話訂購下單的機率就會大幅提升；至於大陸則是冬天銷售情況特別好，因為天氣冷，有一些地區甚至會有大風雪，民眾多半難以出門，此與歐美國家相似，所以同樣的，民眾也會因為觀看電視購物的機會大增，進而增加購物的商機。

雖然中國大陸近幾年有所謂的「禁韓令」，也就是對於韓國藝人至中國大陸發展有嚴格限制，但是相對來說，對於台灣則是比較包容，大部份的大陸人對於台灣都比較友好，加上我們在電視購物台銷售說話的方式與他們略有不同，更能提供相互砥礪的機會，就像中國大陸現在對於吹牛、誇大的說話方式，便多半抱持反感，隨著資訊發達，騙人的把戲是很容易被拆穿的。所以，我們仍然可以使用精緻化的方式去介紹商品，依照導演訂出的腳本去演繹，不脫離大陸官方制定的規範，台灣的廠代仍有臨場反應的發揮空間，「因為商品賣點我都很清楚，一切都在掌握中……」。

這就是我想跟大家分享的銷售心法！

Twenty Eight

擦亮我的金字招牌——

自創品牌，海外攻防一戰成名

「混也是一天，拚也是一天，起碼拚一點生意好一點，機會就多一點！」這是我的經營哲學，也是我成功的秘訣。

＊＊＊

多年前自創的法國品牌BC，如今在中國大陸的知名度愈來愈高，消費客群也愈大愈龐大，我目前已開始著手佈局，準備將它拓展至國外市場銷售，目前，已在法國巴黎成功設櫃，我甚至找來國外的模特兒籌拍外景，藉以展示產品的特色，期望吸引更多的國外消費者，成為該品牌的忠實粉絲。

為了開發消費者喜歡的產品，我這幾年幾乎是每個月都在當空中飛人，曾經花了十五小時飛至美國紐約，就只為了開發新商品——美國時尚家具品牌Simple cool Living。還記得當時我和設計者兩人相談甚歡，聊了許多產品的特色與製作工法，甚至體驗了我個人最喜歡的單人電動沙發，感覺非常舒適，一躺上去就不知不覺地放鬆睡著了。這個品牌的系列商品其實配有多種功能，但我看上的重點是設計師選用義大利環保呼吸皮，聊到最後，我們決定代理了……。

此外，我也曾經為了想瞭解代理的椰子油品質是否純正，專程飛往泰國工廠實地考察。回憶起那一路上的顛簸，鄉下小路太多，我們還迷路了，幾經周折最後終於找到漂亮、乾淨的工廠，一個讓你看了也會放心吃的工廠，一顆心這才終於放下了。尤其聽說椰子油可以預防阿茲海默症、顧腸胃，所以，考慮周詳後便決定簽下代理權，並且乾脆把整個工廠一起簽下來。我始終認為，廠商的義務就是要幫消費者找到好產品。

▼工作熱情永不退，只為多一點機會

目前除了進軍中國大陸與國際市場，對於最原汁原味的台灣電視購物市場，我也絲毫不敢鬆懈，畢竟這也是我發展的核心，因此現在三天兩頭搭飛機，除了頻繁地往返兩岸之外，也必須擴及至其他國家。而為了不浪費時間，我有時必須在台灣一口氣錄製四、五檔節目，才能擠出一些空檔時間飛至國外經營佈局當地市場，同時也順便開發深具口碑與潛力的新商品，工作忙碌的情況，實在不足以為外人道啊。

只是這份忙碌究竟到達了何種程度？簡單說幾個例子讓大家感受一下好了：

記得二〇〇一年，我開始做電視購物，當時產品熱銷，開始有夜市跟批發商前來跟我批貨，表示願意付現金（那時購物台票期是六個月）。我當下很心動，但想了一想之後還是拒絕，理由很簡單，主要是覺得同樣的商品，卻在夜市以原價的八五折賣出，很對不起會員與消費者；其次是覺得這條路若想走得長遠，那就不要存著「一魚多吃、走短線」的心態；最後則是擔心若被購物台抓到，得不償失。

如今，我一天下來可以錄製五檔電視購物節目，運氣不錯，銷售業績也都能夠過關，甚至重播。謝謝製作人給予的機會，也感謝菁英團隊付出的心血。全世界的電視購物景氣並沒有這麼差，只要用心開發商品與用誠心對待消費者，我相信業績就會在穩定中成長。

「混也是一天，拚也是一天，起碼拚一點，生意好一點，機會就多一點！」想起自己之所以能夠持續在工作崗位上戰戰兢兢，拚的就是這一股幹勁，絕對不喊累。同時也不忘隨時激勵員工，激發大家的潛力，願意更加努力，創造值得驕傲的業績，這就是基本的工作態度與人生哲學。

或許正是因為在電視購物的曝光度愈來愈高，以及隨著代銷企業的產品人脈也愈來愈好，再加上自己也想在繁忙的工作之餘，找一點休閒娛樂，調整一下緊張忙碌的腳步與身心，現在，甚至有人找我拍電影。而我也勇於接受挑戰，跨界拍起國軍形象劇「最好的選擇」，我在劇中飾演面惡心善，卻是十分關心學生的好教官，「這是很有趣的經驗，平常每天忙著上購物台節目，偶爾幾天換個方式，早上六點就得趕到片場報到，放鬆一下也蠻好的。」我總是這麼跟朋友說。

如果拿拍電影來對照我在電視購物的舞台，這結果仍可驗證自己經常掛在嘴邊的一句話：「演什麼像什麼，做什麼像什麼，成績才能算是什麼！」

Twenty Nine

一語驚醒夢中人——

錢進中國的契機⋯⋯

台灣是我的故鄉，我熱愛的土地，我會繼續在台灣的電視購物、網路視頻購物繼續推廣優質商品，並將成功經驗複製到中國大陸。

＊＊＊

二○○八年，是六員環登陸中國大陸的電視購物台的時間，那年我開始上浙江好易購、江蘇好享購的購物頻道，主要販售「蔻堤」的雪白霜與鍺鈦手鍊。

中國大陸市場一直在進步，消費者對產品的要求也愈來愈高。這兩年本來操作的主力商品是英國貝薇雅內衣，但因為款式與銷售節奏慢了一點，於是另一個法國品牌「波妮可妮」順勢出線⋯⋯。

記得當時的構想是來自好友，也就是自己的高中同學鄭吉崇，十五年前他是東森新聞台高層，也曾任大陸新星美集團的總裁，當初即是透過他的介紹，認識現任中天集團的高層主管馬永睿，記得在席間，馬永睿先生曾經對我提出一個問題，他問我：「你為什麼不和走時尚風格的伊林模特兒經紀公司合作銷售？」於是，我開始提出企畫案並且不斷修正，經過半年溝通後，終於決定了第一款商品「名模神美褲」，藉此試試水溫。其實這件褲子就是大家俗稱的「打底褲」，但特別的是，一般市售的「打底褲」多半有做工粗糙、布料功能不足、不夠修身的缺點，但這款「名模神美褲」則採取猶如絲綢一般的膠原蛋白布料，這是台灣紡織業研發出來的新興布料，加上膠原蛋白更是女性必備美容聖品，無論是吃喝塗抹，樣樣都脫離不了它，而我們強調「這是穿在身上的膠原蛋白」，並與紡織廠商合作研發，整體剪裁特別，穿上都會顯瘦，種種優點讓我們就決定以此款商品做為首次合作的主力。

當時，伊林模特兒經紀公司召開記者會，邀請包括名模王雅麗等多位一線名模進行一場走秀，名模們甚至帶著自己的媽媽一起穿著走秀，強調此項產品是均碼，所有女性都可以穿，當然，這一場記者會後引起各大媒體競相報導。甚至，伊林娛樂有近百位名模在得到產品試穿後，也紛紛在自己的FB分享心得……，我們成功地把牛仔褲與打底褲推向「微整形時代」，在台灣短短二個月即銷售逾十萬組，後來進軍大陸，同樣很快地賣出了幾十萬條，業績十分亮眼。

也就是這樣，我開始進軍中國大陸，說實話，這一切都是這些貴人冥冥之中的推動與鼓勵，我由衷感謝！

▼複製成功經驗，榮耀永留故鄉

如今大陸網路電商購物產品走的路線是精緻、區隔化，鎖定的是中國大陸二十至三十五歲的年輕消費族群，由於早期社會奉行「一胎化」政策的關係，加上他們的上一代也多半都是一胎化下的產物，所以這群中產階級沒有太大的經濟壓力，消費力道全都反應在網路消費上，加上薪資所得愈來愈高，所以能夠成為市場上的消費主力。未來無論是要發展網路購物或視頻購物，甚至顛覆原有消費模式的VR購物，這群中產階級絕對是不可忽視的關鍵。

什麼是「VR購物」？舉例來說，二〇一六年年初，阿里巴巴即推出VR（虛擬實景）

及AR（擴增實景）購物，並於同年四月起推出「VR購物Buy＋」，取其諧音「敗家」，強調買家安坐家中就可買遍全世界。消費者只要戴上VR眼鏡，移動頭部及視線，即可瀏覽國際知名品牌包括歐美日等地的商品、下訂單並支付，這是一種全新的消費體驗，預料未來開發進展肯定十分看好。

「台灣是我熱愛的土地，我會在台灣的電視購物、網路視頻購物，繼續推廣優質的商品，並且也會同樣推展到大陸。未來在大陸的網路購物，或是微商購物，都仍然是充滿挑戰的事業。」

Thirty

網紅教戰手冊

如今商機遍地卻不等人，對我來說，不願空談理論，「即戰即行」的實踐派就是我！

＊＊＊

要想在網路直播世界變成網紅，確保直播能長久且持續壯大、永續經營，「商品力」絕對是關鍵，但是我知道，單單靠我目前公司旗下擁有的一百多件商品是絕對不夠的，因為除了貨源要源源不絕以外，還要鎖定「性價比高」的品項。而就我觀察淘寶網、蝦皮等知名電商的販售商品，它們幾乎是什麼商品都有賣，唯獨比較欠缺日系商品，也因此才會有陸客到日本旅遊時發生一窩蜂「爆買」的情況，最後甚至遭到日本當局為此明訂規範的窘況產生……。

為什麼會出現這種情況？其實多年前，中國大陸民間曾經發起反日風，只是說歸說，赴日旅遊的大陸觀光客卻仍對日系商品青睞不已，總免不了趁著旅遊之便採買一堆商品帶回家。

日系商品向來就是以精緻、具備創意、生活化舉世聞名。但即便如此，日本企業在評估是否要進入中國大陸市場紮根銷售時，心態上還是相當謹慎。而在看到日系商品這般強勢，反觀台灣生產的商品，則是由於品質不夠精緻，因此尚無法傾銷中國大陸，加上韓國商品也在大陸踢到鐵板，因此，再三評估之後，我確定唯一可以開發的處女地即是日系商品。

中國大陸如今興起一股代購風潮，就是先揪團累積到一定的訂單後，再由代購者前往日本一次批貨購買後再帶回中國大陸。但是，代購回來的商品估計最多也只是日本定價的七至八折，還得加上運費，消費者花在上面的支出仍然偏高，遑論也無法盡情地選購商品，少了許多樂趣。

▼合作共創雙贏，壓低營運成本

為了突破像是淘寶網、蝦皮網這一些大型電商的弱點，以及代購風潮的盲點，同時創造出屬於嚴氏銷售風格與規模，我觀察現在全日本大約有三、四千家中小企業商品製造商，他們只要在日本境內銷售給一億三千萬人的日本內需市場，其實就足以填飽肚子。但是，我的角色卻是幫助他們開拓海外市場，同時厚植自己的商品銷售力，尤其在加速推進網路直播網紅的此刻，我下定決心如果要有源源不斷的「性價比高」的商品，因此首要之務便是鎖定與日本大型的商社合作。

日本任何一家大型商社的優勢即在於商品動輒就有數千件之多，過去都只能去日本旅遊時才能在賣場看到，有些商品甚至只鎖定會員才能購買，可說是只能看不能買，而我的企圖心正是要真實引進這些夢幻商品，這些符合台灣、中國大陸、東南亞國家甚至美國等廣大消費者期待與選擇的好東西。

「合作共創雙贏」仍是我決定和日本大型商社合作的信念，但是應該如何做則是一門大學問。現階段的我已經陸續與幾家大型日本商社簽訂合約，計劃將該商社旗下其所屬的所有商品陸續引進台灣，並在同為大型網路電商的網路渠道上架，但是，並不是只是將商品擺在網路上就一定會熱銷，關鍵在於如何整合銷售。

儘管架設網路電商的平台已經順利談妥，但還是必需配有專業的企劃銷售團隊才行，而這也是六員環展現實力的一部份，目前我已經組織好一支菁英團隊，目前共有十五名人員整裝待發，負責包括選貨、議價、進口、報關、翻譯、商品上架、直播節目內容企劃等工作。此外，更重要的是要靠直播銷售平台，以我為中心扮演好網路直播的網紅角色，在短短直播的十分鐘內，將商品成功銷售出去。

利用中午或晚上人氣最佳的時段，由我親自上陣做網路直播，未來也會採取主題包裹方式，搭配另一位相關主題商品領域的達人，兩人一起做直播，例如即將推出的寵物商品單元，便會邀請飼養毛小孩、喵星人素有心得口碑的網路達人加入，兩人一搭一唱，消費者不但能夠透過直播吸收到飼養寵物的相關知識，還能透過我的嚴選推荐來採買寵物商品，讓家中的寵物更健康快樂。就這樣，一個主題接著一個主題，在網路上陸續上架推出，再加上我利用中午或晚上的零碎時段，以短短十分鐘的時間完整介紹一個商品，定價絕對會比日本的市場價格更低，如果直播時優惠價不買，就會馬上變回原價。

▼創造網路熱銷榮景，電視購物蓄勢待發

做網路直播，最開心的莫過於看到消費者心滿意足地下訂單，大家或許會好奇：「引進日本數以千計的商品，難道不擔心在備貨、庫存管理上會被資金壓垮嗎？」其實，這些問題我早就已經想好配套方法，為了不讓備貨需要資金周轉限制阻礙，更不讓商品庫存壓得自己喘不過氣，影響後續的營運佈局計劃，我採取的策略是——以現金跟這一些日本大型日本商社購買商品，藉此壓低進價，但是，每次購買的單品貨量卻不必過多，可能是幾百組即可，這樣一來即可發揮商品多樣化、全面化銷售的威力，待收到訂單後再由日本商社負責出貨運送。透過這樣的合作模式，我有信心能讓這些商品在中國大陸、東南亞國家甚至美國等地熱銷大賣。而這個全新的商品銷售合作模式，我預計可在網路上線後，完成單月三千萬元的營業額。

一旦在網路直播進行銷售，並且受到市場歡迎之後，我也會將這些明星商品再帶到電視購物台繼續銷售，服務電視購物背後這一大群支持的鐵粉，讓大家都有機會接觸購買到心儀的日本商品。此模式一旦成功，我更計畫將它複製到亞洲地區，並在該區開闢

獨特的時段，繼續銷售。

對於日本商品的優勢以及市場接受度，其實我很早之前就已在台灣操練過，因為我的母親會日文，先前就已引進並代銷過日本足部按摩器，當時市場口碑反應不錯，頗受婆婆媽媽們的喜愛，只是遺憾碰到日幣大貶而慘遭滑鐵盧，才有日後激發我闖入電視購物來償還債務的這段因緣……。撇開這一段經歷，說起我自己代操銷售的日本商品，最早接觸的便是的富氫水杯，這可是百分之百日本製造的原裝產品，日本售價五萬元日幣，而因為我的議價對於消費者有利，所以才能以四九八〇元新台幣在台灣販售，在短短二個月內售出五千組，業績大好，估計約有二千五百萬元新台幣的進帳。此外，還有日本一體成型減輕足部壓力的Baco拖鞋，每樣商品的熱銷，都讓我實際感受到日系商品在國內消費者心中受歡迎的程度。

我是講求真槍實彈的實戰派，而非嘴上全是毛的理論派！由結盟日本多家商社，進軍網紅，成功後回攻電視購物的成果來看，這一套戰術未來勢必是突破淘寶網、蝦皮等電商的新戰術！

Thirty One

避免被消費者淘汰，你也是網紅

只要做對了，人人都可以變網紅；網紅不但要活得久，更要活得精彩！

結合電視購物、電商，想要成為頂尖的商品網紅其實並不難，重點在於誰能掌握商品！

＊＊＊

中國大陸多年前即掀起網紅風潮，這些網紅多半是在網路直播平台上發跡，也就是對著手機鏡頭自言自語、走到哪拍到哪的所謂「網路主播」，推估這類型的紅人在中國大陸已有逾一百萬人的規模，而且其中更高達八成都是美女。網路紅人因為在網路上被關注而走紅，情況猶如明星一般受到民眾關注，因而製造出不少話題人物，成功聚集數以千萬的粉絲，除了相關網路平台直線成長，紅人借直播的置入行銷，估計也創造了不少商機。目前甚至還有網路紅人接下商品代言，改以置入性行銷獲取報酬，商機之大，不言而喻。

「網紅產業」快速成長，中國大陸今年的網紅產業產值可望突破五百億人民幣（約合新台幣二千四百億元），規模相當驚人。而儘管中國大陸網紅經濟持續升溫，但依舊有人維持觀望態度，更有一些專家認為，面對中國十四億人口的市場，缺乏優質內容的網紅可能就只是曇花一現！我個人認為此一警訊也正是台灣網紅必須面對的嚴峻課題。畢竟「網紅不是不能做，做對了人人都可變網紅，只是網紅不但要活得久，更要活得精彩！」

想要成為精彩直播網紅之前，必需先做足功課！或許有人會問：「做直播播久了都會疲乏，該如何突破？」我看到國內有許多網紅的銷售經驗，有人叫賣的商品類型永遠一成不變，有人則是為了增加新鮮感、戲劇效果，所以添加一些光怪陸離的情節，例如在現場使盡氣力搞笑，或是佯裝在發脾氣等，然而再怎麼搞笑、做效果，大概也無法追上綜藝天王的腳步吧。或許一時之間真的很吸睛，會引起觀眾的興趣，但這反而讓我想起PO在YouTube上的某些點閱率非常高的影音，畢竟在新鮮搞笑之餘，好看、耐看的內容才是本質強的影片，才能吸引更多觀眾，不是嗎？

▼掌握商品特質，網紅生涯不是夢

身為商品直播者的使命，應是對自己所介紹的商品負責，而非標新立異地求取訂單。而做直播的商品也應經過市場考核，能夠真正走入消費者的生活才算好，除了品質優良，商品若訂價太高，即便品質再好也會被淘汰。此外，想要長久經營商品直播，背後還得要有堅強且源源不斷的商品支援才行，我曾經看過某些直播商品一成不變缺乏競爭的網紅，發現只要切入整合日本數百家商社所有的商品，貨源就不必擔心。

做直播是很辛苦的，每天都要守在手機前面做直播，為消費者推薦最好的商品，因此，好的商品與企劃內容便成為一大關鍵。一開始或許會因為成本太低而導致業績起伏不定，但若想要直播做得長久，那就需要付出對等的心力投入才行，如果不做好商品嚴選、商品企劃，單靠網紅個人特色與知名度，終究無法持久，畢竟消費者還是會選擇好商品，所以重點還是要回歸商品本身。

對照大陸一些知名的直播網紅，儘管背後有強大的銷售團隊支援，販售的也是獨家商品，價格也合理，但若直播最後必須屈就於經濟壓力，變成是以清庫存的方式在經營商品直播，那麼結果終將是欲振乏力，無以為繼。所以，做直播販售商品，仍應注重商品本身是否符合「高性價比」的特質，即是看重商品嚴選、商品賣點、商品庫存的流動率，以及服務流程是否讓人滿意等關鍵。但是，這一切的大前提是——商品的量體規模要夠龐大，才能做出百變的直播內容。

網路手機視頻日漸普及，我必需提早跨入「全視頻通路」，包括電視、手機、網路、FB，大家每天睜開眼睛就會看到的畫面，都是我急於要切入的通路與媒介。除了要切入商品的重點、精華、性價比，當經營規模愈來愈大，自然就要有系統地規畫，如此才算對得起支持你的粉絲好友們，既然要做一個專業商品網紅，就要有大量的商品，而且商品的後續服務更要做好；當支持者變多時就要做一個平台，在平台上要嚴選商品，要誠實納稅、回饋消費者或做公益慈善事業。當你變得夠大了，可以直接跟工廠議價，就如同一個團購團的團長，大家相信團長會挑選好商品，於是團長便要負起這樣的責任。

說起我的下一階段新目標：同時結合電視購物、電商與成為商品網紅，其實並不難，重點是誰能掌握商品！

Thirty Two

投資失利血本無歸，挫折過後仍可風雲再起

當你擁有一點點的小成就時，千萬別忘了凡事仍需謹慎小心，非本業以外的投資項目仍要審慎評估，更得親力親為，切勿貿然地一頭栽入，否則很可能會落得血本無歸！

＊＊＊

打從我二〇〇八年前進中國發展之後，因為在中國大陸的業績蒸蒸日上，知名度也順勢大開，或許是自己一時的私心作祟，也可能是樹大招風，人性使然，總之，經歷一次的重大挫敗，讓我的人生經歷更加豐富，也更加明白凡事親力親為的重要性。

那是發生在二〇一二年的事情，記得當時有一位台商好友找上我，希望撮合我與另一位在台合作多年

的好夥伴，一起前往蘇州投資一個案子。經過了解後我發現，這個投資項目並非我的專業領域，加上我們的投資比例明明已過半，但我卻過於大意，從未留心對方，定期地清查公司財務，善盡監督的責任。結果，事情果然如大家所預期的，一年之後，赫然發現公司裡有許多壞帳、爛帳，明顯帳目不清，找上對方要求還錢，卻落得乾脆落跑，找不到人……。

於是，我只好在中國大陸提起訴訟，但說實話，在台灣討債都很難辦了，更何況是在中國大陸，所以，這一筆錢猶如石沈大海，更對我本身的公司經營造成很嚴重的財務影響，記得自己當時被這筆約五千萬新台幣的損失，搞得相當心煩意亂。

經過這次的慘痛教訓，我的心得即是：不要輕易搬動資金去投資非專業領域的項目，儘管要做業外投資，也必須全程監控，掌握帳目資金流向，若是做不到，那就千萬不要亂投資，尤其不要以為已有小小成功便自滿，這樣一來你就只有「大意失荊州」一條路可走了！

所幸，我從不輕易被挫折打敗，因為失敗並不可怕，只要在失敗中沒有失去做事的那一份執著與堅持，我相信仍可風雲再起！

後記　奇蹟，其來有自！

每個難關都是一次又一次的人生轉折，內心掙扎又有誰看到？或許，在大家眼中的嚴健誠是個擅於運籌帷幄、談笑用兵的良將，然而在親友與同事眼中……，他又是怎麼樣的一個人呢？

＊＊＊

同仁眼中的嚴健誠……

▼嚴總凡事都是more這個字！

——六員環節目部協理 ▪謝欣吟

我是在二〇一一年才加入六員環公司，時間不算長，但卻正好趕上跟在嚴總前進大陸的首班列車，回憶起嚴總給人的印象，我覺得他是「工作態度、意志堅定，但腰桿身段卻很柔軟的人。」

記得初到中國大陸，首次參加大陸某家電視購物節目的錄影，因為整個製作團隊都是第一次配合，所以對於某些作業流程還不是很清楚，故而難免會「犯一點小錯誤」，而當下，強勢的主持人馬上不假辭色地直接脱口指正。記得我當下心想，若換成別人，可能當場就跟主持人或製作團隊翻臉了，但是嚴總卻隱忍下來，待節目結束後，公司員工們圍著他安慰，他卻反過來跟大家說：「我們到中國大陸電視購物台打拚，只問結果不問過程，沒有什麼橫生枝節可以阻撓，就像頭都沾水洗下去了，中途絕對不能叫停。」這是我與嚴總合作迄今，見過他最受委屈，卻也最灑脫的一次……。

若問我這幾年下來，從嚴總身上學到了什麼絕活？我想，應該就是more這個字，嚴總對於任何事情的態度都是「再多一點」，像是再堅持一下，再努力一點，絕不輕言放棄是他教會我最多的事。即使眼前的狀況可能已經非常不利或已居弱勢，但他總是不放棄任何一點點的可能性，「如果不試試看，就連機會都沒了……」他就是這麼單純地認為。

凡事多努力一點，這就是我眼中的嚴總！

——六員環策略長．林紘正

▼他總說，要有冒險家的精神！

林紘正，六員環策略長，具有十餘年電視購物的經驗，之前與嚴總有過合作關係，認為他具有開發商品的才能，能吃苦、個性務實，於是被重金挖角，目前專責六員環的發展、產品開發、設計、銷售營運，以及產品或服務系統等改良監督執行等工作。

回想過去，「在嚴總帶領下，六員環早已是台灣三大電視購物台的前三大供貨商，因為工作上的認識，也讓我慢慢認識眼前這一個看似平凡卻很不平常的人，他很容易與人交朋友，或許是被他誠心待人的態度深深感動，於是答應他的邀請」。嚴總賦予的使命是「將台灣優質的好產品推出去，同時一方面也引進國外好的產品來台灣銷售。「可是對我來說，將國外的產品引進台灣並非我的強項，但是嚴總卻願意充分授權給我，過程中也毫不干預，甚至信誓旦旦地表示，虧了都算他的，他在前面衝，我當後盾就好……。像這樣有擔當、有氣魄的老闆真的不多了！」

回憶起嚴總經常提醒的一句話：「要有冒險家的精神，只要市場觀察透徹、眼光精準，做產品不要太保守。」若問我印象最深刻的銷售經驗，應非強調具有遠紅外線的保暖效果的「BC神暖褲」莫屬了，這項商品曾經創下熱銷三萬組的紀錄，大夥兒當下都以為這樣的成績已經嚇嚇叫了，豈料嚴總知道後，當下跟我反映說，他的目標是七萬組，我一聽面有難色，認為這根本是「不可能的任務」。但事後証明，還真沒有嚴總說得到卻做不到的事，沒有他辦不了的活兒，也沒有他賣不掉的產品。

原來，嚴總為了增加銷售的說服力，他趁著過年期間帶著全家一起至日本北海道出遊，聰明的嚴總事前即幫自己與家人備妥神暖褲並且穿在身上，即使長時間置身在戶外活動都不覺得寒冷，全家人不但玩的開心，還拍下一張張美好的鏡頭。而當嚴總回台後，為了衝業績，於是將全家人去北海道出遊並穿著神暖褲舒適又幸福的畫面呈現在消費者面前，就這樣，消費者從他的心內話以及秀出全家幸福快樂的出遊照片，人人恍若身歷其境，似乎也穿著神暖褲跟著購物天王全家人一起去了一趟北海道。

「獨到的眼光、精準熟稔的銷售技巧，凡事親力親為、衝在第一線、說服功力一流」，這就是嚴總最令我佩服的地方。

——六員環業務協理 ▪林恒彰

▼你說，嚴總的心臟夠不夠強？

在一次很偶然的機會下認識嚴總，我當時已在飛利浦公司擔任業務主管，業績亮眼，但是卻被嚴總一眼相中，重金挖角到六員環成為公司最年輕的生力軍。

跟在嚴總身邊已經九年，林恆彰迄今仍會不斷思索著同樣的問題：「為什麼嚴總和自己都是當業務、衝業績，戰鬥力與執行力卻仍然有很大的落差？」他不諱言表示，一般人做事，滿分是一百分，可是嚴總意志力堅強，極具拼搏精神，他的滿分就是一百二十分，就是要讓不可能變可能。

雖說凡事除了拚還是拚，但嚴總並不盲目，做事前一定大膽假設、小心求証，無論是決定要降價銷售或是加送贈品促銷，都會有自己的一套經營法則，並且肯花時間與電視購物台主管事先溝通，但目的不是把自己的利益建築在別人的吃虧上，而是希望共創雙贏。

記得之前有過一次「春節年菜」的銷售，那是我與嚴總合作過印象最深刻的一次，一般電視購物台平均一檔年菜若能賣掉一千五百組，那就已是讓人鼓掌叫好的成績了，但嚴總評估後竟開口跟大家說要賣掉五千組……，大家當下聽完後，人人面面相覷。畢竟年菜銷售實在有難度，因為這屬於具有一定保存期限的食品，不像其他日用品若這一檔賣不完，還能放到下一檔繼續銷售去化，年菜一檔賣不掉，庫存壓力就如同排山倒海一般驚人了。

當時推出的年菜組合原價是三九八〇〇元，距離過年剩下不到十天時間，幾天下來的銷售成績都普普……．大家私底下都在說：「總不能認賠吧，但是碰到瓶頸該怎麼辦？」此時，嚴總靈光乍現，想到網路擴散效應大，不如利用LINE群組一個接一個地來做口碑行銷，一定可以發揮團結力量大的連鎖效應；此外，也趁機讓員工們再幫自己多賺一點年終獎金，於是決定調降年菜組合的價格為二千八百元，並且鼓勵全公司近七十位員工利用LINE群組傳播此一優惠給認識的親朋好友們，抱著「呷好逗相報」的心態立即分享……。果然，團結真的力量大，員工們集中火力利用網路媒介行銷，就這樣，年菜組合到最後只剩下不到一千組，員工們既能把好的年菜推荐給親友們，自己也都領一點獎金，人人荷包滿滿。

至於剩下的最後一千組年菜，銷售上就比較沒有壓力，嚴總回頭再與購物台溝通，續排進入第二檔節目作銷售，輕輕鬆鬆地就把這五千組年菜全部賣光光。「你說，嚴總的心臟夠不夠強？」面對這一個不怕摔跤卻也不認輸的人，我真的是心服口服。

＊＊＊

翻轉我的幸福人生！

都說電影是反映人生的縮影，看著電影劇情推演，感覺自己也遭遇到似曾相識的際遇，雖說人生不可能像電影劇情一樣，但我們卻可藉由這個劇情或故事，細細觀照自己的人生，同時給自己一個省思的好機會。

曾經看過一部美國電影，片名叫做「翻轉幸福」，這是一部改編自真人真事的成功女企業家喬伊曼加諾（Joy Mangano）的故事。記得自己當下就被這部血淚交織的劇情所感動，劇中的主人翁喬伊是個單親媽媽（珍妮佛．勞倫斯飾演），靠著從小對發明的熱情，創造出全世界第一支魔術拖把，儘管世界很現實、生活很艱難，但她仍然不認命地創辦自己的企業，並且一步步克服困難，將公司成功擴大成為市值達十億美元的王國。

我尤其欽佩喬伊在全球最大的電視與網路百貨零售商QVC，創下二十分鐘賣出一萬八千套商品的紀錄，喬伊跟產品能夠迅速地一鳴驚人，完全是靠著自己的一手努力而來。堅持不放棄的結果，終於讓她成功翻轉出屬於自己的幸福人生，整部戲的劇情十分激勵人心，也充分反映出電視購物頻道QVC當年崛起的盛況。

▼不只愈挫愈勇，更要勇於承擔

我曾歷經十七年時間，創下電視購物累積逾百億元銷售業績，成為別人口中的「台灣電視購物天王」，但是，別人眼中看到的我都是光鮮亮麗的一面，但人生不可能沒有任何挫折，況且我覺得自己曾經遭遇過的嚴重挫敗，幾乎可用「谷底深淵」來形容。而記得自己當下看完「翻轉幸福」之後，所有的挫折不愉快都可拋諸腦後，正如同劇中人物所說：「生命即使面臨谷底，但是在深淵谷底仍可遇見陽光……」回首來時路，從第一檔在電視購物販售的精油產品卻只賣出一件，直到努力經營六員環公司，擴增至目前在台灣二百億年產值的電視購物頻到產業中，六員環創下百分之七的市占率。僅僅是在台灣，這一些年來，公司上下員工已經創造累積超過百億元的銷售業績，對照之下，不啻為這部電影劇情的真實翻版。

「力量愈大，責任愈大」，我已在台灣磨練出電視購物銷售好武藝，而為了鞭策自己，我更經常拿這部電影的劇情來自我勉勵，即使頂著台灣電視購物天王的光環，也要同步放眼大陸十三億人口的市場，放手一搏，站穩大陸電視購物頻道，更要鎖定大陸「跨境電商」與「微型電商」，將一手打造的品牌「嚴購網」精選產品拓展至全中國大陸，讓更多人能夠享受購物帶來優質生活的樂趣。所以，我不但要愈挫愈勇，還要勇於承擔責任。

常言說得好：「每一次挫折，都是為了成功的轉折；每一次轉折，都是為了累積下一次的成功！」我覺得這一句話正是在激勵我，即使面對挫折，也要勇敢奮起再出發，即使面對各種挑戰，也要屹立不搖。

＊＊＊

珍惜、感恩！
我生命中的貴人、最愛的家人

有的人事業飛黃騰達了，就忘了曾經從創業一路陪著走來的貴人、吃飯傢伙，甚至選擇性地忘記自己曾經在別人面前低頭、吃苦、受委曲……，擔心的無非是這些負面能量與不堪，會影響現在飛上枝頭當鳳凰的光彩。但是，我衷心感謝提拔自己的貴人，以及對於一路陪著打天下具有紀念價值的舊時物件，更是視為珍寶，妥善收藏。

▼王令麟總裁的牽成，一場人生的豪賭

十六年前，為了幫母親扛下六千萬的債務，在朋友介紹下，以初生之犢不畏虎之姿，一腳踏進東森電視購物大門開始，當時便與東森集團的大家長王令麟總裁結下不解之緣。我非常感念王總裁曾說過的

一句話：「給別人一個機會，有時可以改寫別人的一生，同時也是給自己開啟一個機會……」感謝王總裁願意給一個完全沒有這方面銷售產品經驗的年輕人機會，大膽啟用，對東森購物來說無疑是下了一盤賭局，只是以成敗論英雄；但是，對於無路可退、沒有回頭路可走的嚴健誠來說，卻是加入了一場不能輸的賭局。

經過這麼多年的相處，我也從王總裁的身上學到一些經營策略，包括用人唯才、政策、戰略，還有永不輕言放棄的決心。由王總裁一手打造的東森電視購物不但創下台灣先驅，他也成為媒體口中的「台灣電視購物霸主」，迄今仍然位居國內電視購物第一名的市場領導品牌。而榮耀的紀錄與數字背後，卻並非王總裁經常掛在嘴邊的一句「show me the money」就能輕鬆帶過。

如同我自己在經營公司的過程中，也不斷面臨一些需要緊急應變的情況，如果沒有好的團隊、策略，甚至好的機會，那是肯定無法突破逆境，邁向成功的。憶及在東森電視購物征戰的期間，曾經碰到「危機也是轉機」的關鍵，爆發於二〇〇三年的SARS事件，全台人心惶惶，民眾們擔心遭到感染，所以儘量足不出戶，還記得當時的市場景氣一片低靡，消費力度大減。但是，電視購物與網路購物反而異軍突起，消費者都待在家裡看電視或上網路下單，業績反而一枝獨秀，從那時開始，也讓自己更加站穩了腳步，事業也向前邁開一大步。當然如果沒有東森電視購物提供機會，以及有優良的製作團隊協助，也不會有這樣的奇蹟式發展。

▼我最棒的王牌銷售員，珍惜母子共事時光

另外，我更要感謝生命中的貴人，也是我最親密的家人，那就是我的媽媽，在電視購物的舞台上，她始終是我最堅強的後盾，提到媽媽就會讓人不禁眼睛微微泛紅：「如果不是家裡在十七年前有龐大負債，如果不是看到媽媽為還債務而辛苦奔走，或許就不會促使我走進電視購物的殿堂，並且造就出今日電視購物佔有一席之地的我；如果不是媽媽始終在我背後當最大支柱，耳提面命教授我一些銷售技巧，以及應對進退的做人道理，或許就不會有現在人脈關係良好的我，這一切都要歸功於媽媽的功勞！」

現在，我們母子兩人還是經常聯袂出現在電視購物節目中，而由「嚴媽」擔任代言人的產品往往都極具說服力，雖然，我一直都是電視購物消費者心目中的「師奶」，而

「嚴媽」則是婆婆媽媽眼中的最有親和力和友善的好朋友，無論是什麼商品，「嚴媽」總是親自示範並且樂於分享使用心得，態度就像是在跟街坊鄰居聊天一樣的親切，自然受到婆婆媽媽們的青睞。「媽媽，是我最棒的王牌銷售員，雖然年紀漸長，但卻依舊充滿活力，只要一上電視購物節目就顯得精神奕奕，我很珍惜這樣母子一起工作的快樂時光。」

六員環銷售大事紀

二〇〇〇年	六員環首次和東森購物通路合作銷售皮衣服飾。
二〇〇四年	開始銷售Q.T. SKIN美白霜，一年銷售二十萬瓶。
二〇〇七年	與東森合作金 專案，銷售Q. T. SKIN魚子精華組，單檔銷售達三千組，紀錄至今無人能破。
二〇一〇年	銷售Qutie Plus鈦鍺手鍊，共計銷售二十五萬條，創新休閒用品銷售紀錄。
二〇一三年	銷售Belvia內衣系列，兩岸共計銷售三千萬件。
二〇一四年	規劃愛之味紅神孅塑身食品，目前累計銷售五十萬瓶。
二〇一五年	兩岸銷售BC伊林名模神美褲，累銷售八十萬件，目前仍持續熱銷。
二〇一五年	兩岸銷售Baco一體成型拖鞋，累計銷售七十萬雙，熱銷中。
二〇一六年	銷售璽堡負離子枕頭，累計銷售十二萬顆，目前熱銷中。

觀成長18

十五分鐘說出10億營收——
人人都能當網紅的煉金術

作　者—嚴健誠、黃晨澐
封面設計—張巖
內文設計、排版—李宜芝
主　編—林憶純
行銷企劃—王聖惠

第五編輯部總監—梁芳春
發行人—趙政岷
出版者—時報文化出版企業股份有限公司
一〇八〇三台北市和平西路三段二四〇號七樓
發行專線：（〇二）二三〇六—六八四二
讀者服務專線：〇八〇〇—二三一—七〇五、（〇二）二三〇四—七一〇三
讀者服務傳真：（〇二）二三〇四—六八五八
郵撥：一九三四四七二四時報文化出版公司
信箱：台北郵政七九～九九信箱
時報悅讀網—www.readingtimes.com.tw
電子郵箱—history@readingtimes.com.tw
法律顧問—理律法律事務所　陳長文律師、李念祖律師
印　刷—勁達印刷有限公司
初版一刷—二〇一七年十一月十七日
定　價—新台幣三〇〇元
（缺頁或破損的書，請寄回更換）

時報文化出版公司成立於一九七五年，
並於一九九九年股票上櫃公開發行，於二〇〇八年脫離中時集團非屬旺中，
以「尊重智慧與創意的文化事業」為信念。

15分鐘說出10億營收/嚴健誠、黃晨澐作. -- 初版. – 臺北市：時報文化, 2017.11. (232面；14.8*21公分)

ISBN 978-957-13-7147-4 (膠裝)

1.電視購物　2.銷售　3.職場成功法

498.97　　106016312

ISBN 978-957-13-7147-4
Printed in Taiwan